U0661918

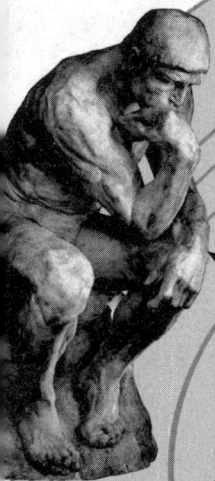

文艺
复兴时期
的科学

叶秋 **编著**

广西出版传媒集团 | 广西科学技术出版社

图书在版编目（CIP）数据

文艺复兴时期的科学 / 叶秋编著. —南宁：广西科学技术出版社，2012.6（2020.6 重印）

（世界科学史漫话丛书）

ISBN 978-7-80619-626-7

Ⅰ．①文… Ⅱ．①叶… Ⅲ．①自然科学史—欧洲—中世纪—少年读物 Ⅳ．① N095-49

中国版本图书馆 CIP 数据核字（2012）第 138037 号

世界科学史漫话丛书

文艺复兴时期的科学

WENYI FUXING SHIQI DE KEXUE

叶秋　编著

责任编辑	何杏华	封面设计	叁壹明道
责任校对	梁 炎	责任印制	韦文印

出 版 人　卢培钊

出版发行　广西科学技术出版社

　　　　　（南宁市东葛路 66 号　邮政编码 530023）

印　　刷　永清县晔盛亚胶印有限公司

　　　　　（永清县工业区大良村西部　邮政编码 065600）

开　　本　700mm×950mm　1/16

印　　张　14

字　　数　181 千字

版次印次　2020 年 6 月第 1 版第 5 次

书　　号　ISBN 978-7-80619-626-7

定　　价　28.00 元

本书如有倒装缺页等问题，请与出版社联系调换。

青少年阅读文库

顾问

严济慈　周培源　卢嘉锡　钱三强　周光召　贝时璋
吴阶平　钱伟长　钱临照　王大珩　金善宝　刘东生
王绶琯　谈家桢

总主编

王梓坤　林自新　王国忠　郭正谊　朱志尧　陈恂清

编委：（按姓氏笔画排列）

王国忠　王梓坤　申先甲　朱志尧　刘后一　刘路沙
陈恂清　林自新　周文斌　郑延慧　饶忠华　徐克明
郭正谊　詹以勤

《世界科学史漫话丛书》

策　划：覃　春　于　宁
主　编：徐克明　申先甲

致二十一世纪的主人

（代　序）

钱三强

　　21世纪，对我们中华民族的前途命运，是个关键的历史时期。21世纪的少年儿童，他们肩负着特殊的历史使命。为此，我们现在的成年人都应多为他们着想，为把他们造就成21世纪的优秀人才多尽一份心，多出一份力。人才成长，除了主观因素外，在客观上也需要各种物质的和精神的条件，其中，能否源源不断地为他们提供优质图书，对于少年儿童，在某种意义上说，是一个关键性条件。经验告诉人们，一本好书往往可以造就一个人，而一本坏书则可以毁掉一个人。我几乎天天盼着出版界利用社会主义的出版阵地，为我们21世纪的主人多出好书。广西科学技术出版社在这方面做出了令人欣喜的贡献。他们特邀我国科普创作界的一批著名科普作家，编辑出版了大型系列化自然科学普及读物——《青少年阅读文库》以下简称《文库》。《文库》分"科学知识"、"科技发展史"和"科学文艺"三大类，约计100种。《文库》除反映基础学科的知识外，还深入浅出地全面介绍当今世界的科学技术成就，充分体现了20世纪90年代科技发展的水平。现在科普读物已有不少，而《文库》这批读物的特有魅力，主要表现在观点新、题材新、角度新和手法新，内容丰富、覆盖面广、插图精美、形式活泼、语言流畅、通俗易懂，富于科学性、可读性、趣味性。因此，说《文库》是开启科技知识宝库的钥匙，缔造21世纪人才的摇篮，并不夸张。《文库》将成为中国少年朋友增长知识，发展智慧，促进成才的亲密朋友。

亲爱的少年朋友们，当你们走上工作岗位的时候，呈现在你们面前的将是一个繁花似锦的、具有高度文明的时代，也是科学技术高度发达的崭新时代。现代科学技术发展速度之快、规模之大、对人类社会的生产和生活产生影响之深，都是过去无法比拟的。我们的少年朋友，要想胜任驾驭时代航船，就必须从现在起努力学习科学，增长知识，扩大眼界，认识社会和自然发展的客观规律，为建设有中国特色的社会主义而艰苦奋斗。

我真诚地相信，在这方面，《文库》将会对你们提供十分有益的帮助，同时我衷心地希望，你们一定为当好21世纪的主人，知难而进，锲而不舍，从书本、从实践吸取现代科学知识的营养，使自己的视野更开阔，思想更活跃，思路更敏捷，更加聪明能干，将来成长为杰出的人才和科学巨匠，为中华民族的科学技术实现划时代的崛起，为中国迈入世界科技先进强国之林而奋斗。

亲爱的少年朋友，祝愿你们奔向未来的航程充满闪光的成功之标。

主编的话

《世界科学史漫话》丛书（共 10 册），是《青少年阅读文库》的一个重要组成部分，是我们怀着美好的祝愿和真切的期望献给广大青少年朋友的一份礼物。

当前的时代，是科学技术飞速发展、新科技革命蓬勃兴起的时代。作为未来社会的建设者和主人，应该为着社会的进步和人类的幸福，把自己培养成掌握丰富科学文化知识的创造型人才。

"才以学为本"，"学而为智者，不学而为愚者"。要用人类创造的优秀科学文化成果把自己武装起来。科学史知识是这种创造型人才优化的知识结构中不可或缺的一个组分。任何科学知识的发现和技术成果的发明，都有一个酝酿、产生和发展的过程，这其中不但渗透着科学家们追求真理、献身科学、顽强拼搏、百折不挠、尊重事实、严谨治学的科学精神，而且包含着他们勇于探索、敢于创新、善于创造性地运用类比、模型、猜测、推理和想像等找到突破口的正确思路和科学方法。科学史就是通过这些生动具体、有血有肉的科学探索的史实，告诉人们科学是如何产生、如何发展的，那些名垂青史的科学大师们是如何成长、如何成功的。使读者从中受到感人至深、催人奋进的科学精神的激励，并从科学家们的成功与失败、经验与教训中学习科学方法，培养科学思维，领悟到一点科学创造的"天机",获得超出课堂知识学习的有益启示。英国哲学家 F. 培根说:"学史使人明智。"我国近代思想家梁启超也说,学史可以"益人神智"。

所以,对于有志于献身科学技术事业的青少年来说,应该知道毕达哥拉斯、亚里士多德、欧几里得、阿基米德;应该知道墨翟、扁鹊、张衡、李时珍;应该知道牛顿、道尔顿、达尔文、爱因斯坦、居里夫人;应该知道钱三强、丁肇中、李政道、杨振宁,应该知道相对论的提出,核裂变的发现,遗传密码的破译,大爆炸宇宙模型的创立;还应该知道近代以来几次科技革命的兴起和巨大社会意义。

在人类五千年的科技发展中,科学的发现和技术的发明比比皆是、不胜枚举,科学史的园地里真是五彩缤纷、气象万千,我们不可能对这个历史过程作全景式的描述。这套丛书就像一个科学史"导游图",只是从各个历史时期的科技发展中,选择一些有代表性的典型事件,作为一个个"景点",引导读者沿着历史的足迹,领略一下用人类智慧构筑成的科学园地奇伟瑰丽的景观。

愿这套丛书能够帮助青少年朋友增长知识,发展智慧,"站在巨人的肩上"迅速成才!

编者

目　录

开　篇

文艺复兴时期的科学技术

14 世纪，在美丽的地中海北部的欧洲大陆上，爆发了一场以复兴希腊、罗马古典文艺和学术为宗旨的运动。它历时 300 多年，是欧洲文化史上继古希腊、罗马文化繁荣之后第二个文化高峰时期；它高举着"复兴"古典文化的旗帜，把矛头直接指向教会神权统治。这场轰轰烈烈的思想解放运动为日后的资产阶级革命做好了准备，也为欧洲近代资本主义文化奠定了基础。

文艺复兴运动首先是从意大利开始的。意大利是古罗马的直接继承者，因此罗马文化就是意大利民族的文化，拉丁语就是意大利各区语言的祖先。而且在古代，意大利就是大希腊的一部分，希腊文化对它的影响一直没有间断过。同时，1453 年土耳其人攻占君士坦丁堡之后，大批希腊学者携带着古典书籍和手稿来到意大利避难，在一定程度上推动了意大利对希腊古典文化的学习和研究，古典著作的大量翻译和印行，特别是一些古代希腊、罗马作品的手抄本和艺术品的重新发现，给人们展示了一个与中世纪迥然不同的古代世界。

事实上，文艺复兴运动并不仅仅是希腊、罗马古典文化影响的结果，欧洲人还吸收了许多先进的外来文化，主要包括阿拉伯、印度和中国的文化，并且大力阐述和宣传人文主义思想。他们颂扬人，赞美人生和自然，崇尚科学和理性，从而形成了文艺复兴时期新文化的基本内容。这与中世纪的基督教神学世界观是背道而驰的，人文主义者把人从神的世界拉回到了现实的、人的世界。

在这种人文主义思想的引导下，文艺复兴时期成为一个硕果累累、人才辈出的光辉时代，近代现实主义文学和艺术应运而生。例如被誉为"三颗巨星"的文艺复兴早期的代表人物文学家但丁（Dante Alighieri，1265～1321）、彼特拉克（Francisco Petrach，1304～1374）和薄伽丘（Giovanni Boccaccio，1313～1375），而有"文艺复兴三杰"之称的达·芬奇（Leonardo daVinci，1452～1519）、米开朗基罗（MichelangeloBuonarroti，1475～1564）和拉斐尔（Raffaello Sanzio，1483～1520）的艺术达到了前所未有的高度。这些杰出人物对整个欧洲的近代文化都产生了深远的影响。

伴随着意大利新文化的迅速传播，文艺复兴运动也在英国、法国、德国、西班牙等地蓬勃地开展起来，同样涌现出一大批文学巨擘，其中有大家熟知的英国戏剧大师莎士比亚（William Shaskospeare，1564～1616）和西班牙作家塞万提斯（Miguel de Cervantes Saavedra，1547～1616）等，他们的作品被誉为世界文化宝库中的瑰宝。

近代自然科学的诞生同样是文艺复兴运动的重大成就之一。近代科学是以文艺复兴和宗教改革为先导，以资产阶级革命为主线逐步产生和发展起来的，文艺复兴使人们的思想得到空前的解放，而宗教改革则是新兴资产阶级反对教会和罗马教皇的政治斗争，它沉重地打击了宗教神学，为自然科学的研究和发展铺平了道路。

文艺复兴时期的科学技术成就是多方面的，是广泛而又丰富的。哥伦布、麦哲伦的远航扩大了人们的眼界，打开了东西方的通道，而且为天文学、地学的建立奠定了基础；波兰天文学家哥白尼（Nicolaus Copernicus，1473～1543）提出的日心说给教会神学以毁灭性的打击，从此开始了自然科学从神学中的解放；而英国生理学家和医生哈维（William Harvey，1578～1657）所发现的人体血液循环，从根本上改变了人们的传统观念，使生理学确立为科学；英国哲学家、科学家弗兰西斯·培根（Francis Bacon，1561～1626）是一位伟大学者，他总结了新文化的成果，倡导现代实验科学方法，提出了"知识就是力量"的不朽名言，强调科学知识是征服自然、发展生产、取得自由的革命力量。

以文艺复兴为基础逐步开展起来的自然科学革命，是近代自然科学与神学进行的最后一场较量，它所取得的成就不胜枚举。而这些成就中所包含的丰富底蕴数百年来一直在向人们昭示着一个真理：人类是通过自己的实践来不断地认识自然并发展科学技术的。今天，在前人工作的大量积累上，现代科技文明已经达到了一个完全崭新的高度，但是，它仍然需要我们不断地去探索、去求知、去为之献身！

天 文 篇

天文算

太阳究竟是否绕着地球转

在世界近代史的篇章上，记录着一个响亮的名字——尼古拉·哥白尼（N. Coperni - cus，1473～1543）。是他，宣告了中世纪黑暗时代的结束；是他，使全世界的人们在黑夜中看到了黎明时那一抹鲜艳的曙光！

1473年2月，哥白尼出生在波兰西郊托伦城一个商人的家庭，父亲担任过本地的议员和市长，母亲是一位富商的女儿。哥白尼还有一个哥哥和两个姐姐。他10岁丧父，靠舅父抚养成人。他的舅父是一位大主教，学识渊博，思想进步，同一般顽固守旧的信徒不一样。当哥白尼还是一个小孩的时候，就常常看着太阳从天空中转过，从清晨的朝霞望到傍晚的夕辉，还有深夜里圆形天穹中那些数不清的小星星。舅父送给他一些天文学的书，他如饥似渴地读着。到读中学时，他更显露出对天文学的强烈兴趣，在老师指导下，他制造了一具按日影来定时刻的日晷，装在一座教堂的南墙上。

18岁时，哥白尼进入了波兰首都的克拉科夫大学，当时，这所大学以天文学和数学而闻名于欧洲。在这个时期，哥白尼刻苦钻研天文学（包括克劳狄乌斯·托勒密的地心说），还利用"三弧仪"和捕星器观测月食和天体运动。只要是晴朗的夜晚，他总是聚精会神地仰望天空，观测星球的运行，进行计算。然而，这时舅父却出于实际的考虑，劝他把眼光从天上移到地下，不要选择天文学而选择医学作为自己的

哥白尼

终身职业。于是，哥白尼在克拉科夫大学获得了医学证书，然后在舅父的大力帮助下到文艺复兴的中心——意大利留学。他学习了法学、天文学、数学、神学和医学，还学会了希腊文，并获得了法学博士学位。在意大利，哥白尼度过了不平凡的十年，经过长年累月的刻苦钻研，他终于成了一名了不起的天文学家，同时，他还是一名数学家、医生和画家。1506 年，哥白尼满怀激情地回到了久别的祖国——波兰，从此开始了他一生中最重要的事业。这年他才 33 岁。

哥白尼的舅父这时年迈多病，需要他在身边照料，帮助处理教区的事务。哥白尼与舅父住在一起，一方面协助舅父处理宗教方面的事务，一方面在教区行医看病，他以自己的高尚医道和精湛医术赢得了人民的尊敬甚至崇拜。然而，哥白尼的主要精力仍然倾注于天文学研究。他买下了弗洛恩城堡西北角上的箭楼，把它作为自己的住所和观测天象之用，这实际上是一座小型天文台。这座箭楼保存至今，被称为"哥白尼塔"。他用自制的简陋仪器，无论是刮风下雨，还是天寒地冻，通宵达旦地观测天体，长达 30 年之久。

"地心说"在中世纪欧洲统治了1000多年，被教会奉为与《圣经》

一样的经典，不可动摇；谁要否定它，就是反对教会权威，就会被视为"异端"。而哥白尼最初也是想以托勒密的地心说体系为基础来修订天文学，但他认为托勒密体系太烦琐，希望能找出一个比它简单的解释。为此他阅读了大量的古希腊原著，结果，他在这些著作中发现，前人曾逼真地描写过地球的运动，而且很多人都有类似的见解。于是，这就启发了他开始考虑地球的运行。

在做了大量的观测、计算之后，哥白尼已确信"地心说"是错误的，他准备写一部《天体运行论》的巨著，来反映天体运行的实际情况。但他深深地认识到要推翻"地心说"，不仅要有大无畏的精神和勇气，而且还需要有充分的科学根据。于是他先把自己的见解写成一篇《提纲》，寄给研究天文学的朋友们，广泛征求意见。

1520 年左右，哥白尼终于完成了《天体运行论》的全部写作工作。但他并不急于发表，而是一遍又一遍地补充修改和校订，力求使自己的每一个论点都立于不败之地，他耐心地等待发表这部著作的有利时机。许多学者和朋友都再三催促哥白尼早日发表他的伟大著作。哥白尼经过又一次郑重考虑，确信自己的学说是正确的。而且，这时他已是 69 岁高龄，卧病在床，再不公开发表，恐怕就会遗憾终生了。因此，几经周折，这部书稿终于交到了出版商的手里。

1543 年 7 月 24 日，当哥白尼的学生捧着刚刚装订好的《天体运行论》，匆匆赶到哥白尼的小楼时，他已奄奄一息。他抚摸了一下自己为之奋斗一生的心血结晶，就与世长辞了。

哥白尼学说的一个最重要的观点就是：太阳处于宇宙的中心，地球和其他行星都围绕太阳运动。地球在围绕太阳一年旋转一圈的同时，又以自己的轴线为中心，以一昼夜转一周的速度匀速旋转着。地球上当我们这一面靠近太阳时，我们处在白天；当这一面转而背向阳光时，我们则处在黑夜。这一学说的发表，是向宗教神学发出的一份挑战书，在当时的社会上引起了轩然大波，日心说剥夺了上帝赋予地球是宇宙中心的特殊地位，地球成为了一颗像其他行星一样普通的星球，它也要围绕着太阳旋转。这样，上帝创造一切的神话被彻底摧毁了，宗教神学遭到了毁灭性打击。因此，哥白尼的著作被罗马教会列为禁书。直到 1882 年，教皇才不得不承认哥白尼学说是正确的。

在那个时代里，哥白尼第一次高举科学的大旗向《圣经》挑战，向千百年来的学术权威挑战。《天体运行论》是自然科学的独立宣言，从此自然科学得以从神学中解放出来而大踏步地前进！

大天文学家第谷

哥白尼去世三年之后，在丹麦诞生了一个男孩，后来，他也成为一位著名的天文学家。他的名字叫第谷·布拉赫（Tycho Brahe，1546～1601），被后人尊称为"近代天文学的始祖"。

第谷祖籍瑞典，1546 年出生于丹麦的一个贵族家庭。父亲是个律师，伯父是个非常有钱的旧贵族。伯父没有子女。为了使长子能到学费昂贵的学校接受教育，父亲就把第谷过继给了伯父。第谷在 13 岁时就被送到丹麦首都的哥本哈根大学读书。伯父希望他成为政治家，但第谷对此却不热衷。刚到哥本哈根不久，他看到了一次日偏食，这使他对天文学产生了强烈的兴趣。从此，他经常观测天象，到处借阅天文学的书籍，并且找人求教，简直入了迷。在他找到的天文学书籍中，有一本古罗马天文学家托勒密的《天文学大成》，他如获至宝，一遍又一遍地阅读，完全被书中的内容俘虏了。就这样，托勒密的"地心说"对他此后一生的研究都产生了重大影响。

伯父对第谷的行为大为不满，于是强迫第谷离开丹麦，去德国莱比锡大学学习法律，并派一名家庭教师对他进行监督和管教，不让他接近天文学。1566 年，伯父去世了，已满20岁的第谷便如出笼的小鸟，马上出发到各国去游学，自由自在地从事他所选择的事业。

1572 年 11 月 11 日，太阳落山以后，第谷又像往常一样，从屋里走出来抬头向天空望去。夜色越来越浓，星星越来越明亮。这时，他在仙后座的旁边，发现了一颗新的明亮的星。他十分惊奇，以为是自己看错了，便把别人也叫来一齐观看，这才确认无疑。"我发现了一颗新星！"第谷高兴得跳了起来。

这颗星，就是我们今天所说的超新星，它是一颗恒星，是由炽热气体组成的球体，平时用肉眼是看不见的。自那天晚上以后，第谷持续不断地对这颗星进行了观察。一年零四个月之后，它终于消失在茫茫夜空之中。而在这 16 个月里，第谷以惊人的毅力，不分寒暑，凭着肉眼坚持观测，并且随时详细记录，积累了非常宝贵的天文资料。超新星的发现，引起全世界天文学家的注意。后来，第谷花费了很大的心血写成了《论新星》一书，使人们对神秘的天体有了新的认识。

《论新星》发表以后，第谷一举成名。不久，他接受了丹麦国王腓特烈二世的邀请，到丹麦专门从事天文学研究。腓特烈二世非常重视第谷的天文学研究事业，答应把波罗的海中的一座小岛——汶岛赐给他，并且拨给他 10 万元巨款以建造和运营一座天文台。

第谷于 1576 年开始在汶岛上建造他的天文台——乌拉尼堡（意思是"天堡"）。它座落在一个巨大的布置得像花园的方形围场中央，有一座图书馆和一座化学实验室以及住房和仪器室，这是欧洲的第一座近代天文观象台。1584 年，第谷又建造了第二座天文台——星堡。考虑到刮大风时会把地面上的仪器吹得乱晃，因而星堡里的一些仪器都是安置在地下。这样，汶岛便成了活跃的天文学研究中心，许多著名的学者从世界各地来到这里进行访问和学习。汶岛天文台对欧洲及世界天文事业的发展起到了巨大的推动作用。而第谷自己作为一位一丝不苟的观测家，也取得了丰硕的成果。他在汶岛工作 20 年，测量了 777 颗恒星的位置并编制了一张星表。星表中所记下的恒星位置误差很小，而那时还没有望远镜，由此可见他花费了很多的心血，并且具有超人的才华。

第谷一生都在进行观测恒星、编制星表的工作，为了得到准确的

汶岛天文台

星表，他决心观测1000颗星。在离开汶岛、定居奥地利的布拉格之后，他邀请了一位比他小25岁、主张日心说、年轻有为的德国青年——约翰内斯·开普勒（1571～1630）来和他一起进行天文学的研究，使得工作进展很快。但是，1601年，年仅55岁的第谷便因积劳成疾去世了。他多年积累下来的所有观测资料都转到了开普勒手中，他的观测达到2′的精确度，是近代最精确的数据，为开普勒的发现创造了条件。正是根据这些材料，开普勒编出了包括1000颗星的《鲁道夫天文表》，并最终提出了"开普勒三大定律"。后边我们还将讲到与其有关的故事。

从各方面来讲，第谷都是个引人注目的人物，他聪明绝顶，真诚勤奋，但同时又性情急躁、骄傲，有时甚至很残暴。他曾经和另一个丹麦贵族发生争执，在半夜用剑决斗，结果，第谷的鼻子被削掉一块，他用金、银和蜡给自己补上了鼻子，幸好没有产生严重后果。在汶岛工作期间，他过着优裕的生活，来访问他的人往往受到盛情的招待，而岛上居民却不受他欢迎；他是个苛刻的地主，在汶岛上修了一座监狱，他常常把没交地租或使他不高兴的人囚禁在那里，使得汶岛上的居民非常恨他。

另外，第谷还特别相信占星术。作为一个天文学家，他有极其丰富的天文学知识，可他一直到死都对占星术深信不疑。他曾对 1566 年发生的一次月食作了观测，并宣称这是当时欧亚大陆最强大的统治者土耳其苏丹死期的预兆。苏丹果真逝世了，于是第谷夸耀自己高超的占星术；但没过多久，他得知苏丹是在月食前而非以后去世的。一个有头脑的人竟然相信占星术，这是不可思议的。不过，16 世纪的科学本身就掺杂着很多迷信的成分。

沿用至今的公历——格里历

要问现在的时间是几点几分？我们只要看一看手表就可以回答；但要问现在是公元多少年？就得靠记录时间的书本——日历。实际上，日历就是一个长时间间隔的计时系统，而人类最先注意到的也是日、月、年，而不是时、分、秒。日历对于我们每个人来说简直是太熟悉了。可是，当你翻开日历新的一页时，你可知道，日历上的年、月、日是怎样定出来的吗？

现在世界通用的历法叫做公历，它是在古罗马历法基础上发展起来的，而古罗马历法又是从埃及继承过来的。大约在公元前20世纪，古埃及人就把尼罗河的泛滥周期定为年，它比较固定，平均大约为365日，正好同太阳运动周期接近。古埃及人还把一年分为12个月，每月30天；在12个月循环之末添上五个附加日，作为假日对待，凑成一年365天。但这样的时间计算法，每年要产生大约1/4天的误差，四年就是一天，而每隔1460年，就会推移整整一年！这给人们生活带来极大的不便。

与此同时，古罗马成为西方强国，被它征服的地方都要用罗马历。而罗马人认为单数吉利，因而把每月天数都取为单数，结果全年共354天。而且由于罗马掌管历法的祭司们胡作非为，致使罗马历极为混乱，有一回竟然把10月15日记作1月1日，外边还是金色的秋天，却让人们过起新年来了，寒暑颠倒，春秋难分。所以有人戏称：罗马人常打胜仗，但他们却不知胜仗是在哪一天打的。

到了公元前 47 年，古罗马皇帝儒略·恺撒着手改历，决心结束这种混乱局面。他觉得埃及人的太阳历既简单又方便，于是把埃及天文学家索西尼斯（活动时期约为公元前 45 年左右）招到罗马开始改历。为了纠正旧历同太阳运动周期之间的矛盾，恺撒决定从公元前 45 年开始采用埃及历，并把旧埃及历中留在最后的五天分散安插在全年之中。这样，一年中就有七个 30 天的月，五个 31 天的月。但古罗马人很迷信，认为二月是不祥之月，硬把它缩短为 28 天。最后竟作出安排：一年设七个 31 天的月，四个 30 天的月，一个 28 天的月（2 月）。而且为了补偿旧埃及历中每年 104 天的差数，恺撒还规定从新历第一天起，每隔三年设一闰年，共 366 天，多出的一天放在二月，即闰年 2 月为 29 天。这个新历后来被称为"儒略历"。

为纪念改历成功，恺撒武断地决定用自己的名字命名，他出身的月份——7 月，英语中 7 月为 July，它就是由恺撒的名字 Julius 转变来的。恺撒改历是做了一件好事，但他开创的这种先例，给历法的严谨性带来了十分恶劣的影响。

儒略历把一年的长度取为 365.25 天，同精确的回归年长度（365.2422 天）相差 0.0078 天。这个差数虽然很小，但成百上千年地累积下去，到 128 年之后，儒略历就会超前回归年一整天。而基督教曾根据儒略历和天文观测把春分日确定为 3 月 21 日，并把复活节日期也固定在这一天。可是，由于儒略历的超前，复活节必然随春分日年复一年地移动，到了公元 1582 年，春分移到了 3 月 11 日，若是这样继续下去，人们最终就得在夏天庆祝复活节。

这引起了教会极大的不安，教皇格里高利十三世不得不采取行动。他召集了一批著名的天文学家、数学家以及僧侣，组成了改革历法的专门委员会，目的就是要研究如何使春分日恢复到 3 月 21 日，从而保持复活节日期的稳定。

在这批学者还没有拿出建议的时候，一位意大利天文学家、医生阿罗义索·利里奥（1510～1576）的改历方案已经送到了教皇手中。但不幸的是，利里奥本人没有看到自己的方案变成为法律，他早在1576年就去世了，改历方案是由他的兄弟从失传的危险中抢救出来，送呈教皇的，其基本点就是在400年中去掉儒略历多出的三个闰年。

格里高利和历法委员会采纳了利里奥的方案，稍作修改后定名为格里高利历（简称格里历），在1582年3月1日，由教皇格里高利十三世下令颁行：

（1）把1582年10月4日以后的一天改成为1582年10月15日；

（2）那些世纪数不能被4整除的世纪年（如1700、1800、1900年等）不再算作闰年，仍算作平年。

这样一改，1582年10月4日以后不再是10月5日，而是10月15日，这就是有名的在日历上飞过的10天。

格里历与儒略历衔接得很好，它既具有一个必不可少的精度，又具有人们所希望的简单易行的优点，世界上越来越多的国家接受了它，因而变成现在世界通用的"公历"。

由于各个国家占统治地位的教派不尽相同，因此格里高利的改革历法命令并没有立即被各国接受，甚至在意大利也有两三个地方没有马上使用新历。而在英国则引起了一场风波，因为那时英国的新年是3月25日开始，改用新历就要从1月1日开始。这样一来，1月、2月和3月的24天就无形地消失了，只经过了282天就到了下一年，因而市民们在伦敦街头高呼："还我3个月来！"宫廷中的贵妇们更是愤怒，使用新历使她们觉得自己一下子就老了3个月。

我国是在辛亥革命后，由孙中山先生的临时政府通电全国，从1912年1月1日起正式使用格里历。

格里历沿用到现在，也显得十分陈旧了，而且它也有不少弊病。比如，在这种日历中，每月的天数各不相同，各季的长度也不相等，而且每月中的日数和每周中的日数各不相干。世界上早就酝酿着对现行的日历进行改革，提出了不少改革方案。但采用一种新日历，并不是一件容易的事，必须是一种国际性的统一行动，所以现在仍然沿用格里历。

"我发现了第一颗变星！"

  "恒星"这个词儿，原先包含着星的亮度一成不变的意思。但到了近代，随着新星和超新星的发现，这个名词的含意便渐渐发生了变化。

  古人很早就注意到一种很罕见的天象：天空中会突然冒出一颗"新"的星星——"新星"来。其实，新星本来都是些很暗弱的星星，通常人们看不见它，或者，它隐匿在满天繁星之间而不惹人注意。但是，忽然间它爆发了，抛射出大量物质，这时它的亮度突然增大了几万倍甚至几百万倍，于是，人们发现了它，以为在那儿突然出现了一颗新的恒星。"新星"这个名词正是这样来的。

  超新星是爆发规模比新星更大的另一类恒星，它们爆发时可以增亮千万倍乃至上亿倍，所放出的能量可抵得上千万到成百亿个太阳的能量。超新星现象要比新星更为罕见。

  新星和超新星增添了古代人研究星空的兴趣，但是除此之外，在长达几十个世纪的岁月中，似乎并没有一位天文学家想到过缀满天穹的群星还会有什么亮度变化。

  直到 1596 年 8 月 13 日，才有一位荷兰牧师 D. 法布里修斯明确地认识到了第一颗"变星"。所谓变星，指的正是那些在不太长的时间（例如几小时到几年）内亮度有可察觉的变化的恒星。

  法布里修斯是第谷和开普勒的朋友（在下文中，他的儿子 J. 法布里修斯独立地发现了太阳黑子），是首先使用望远镜从事天文研究的

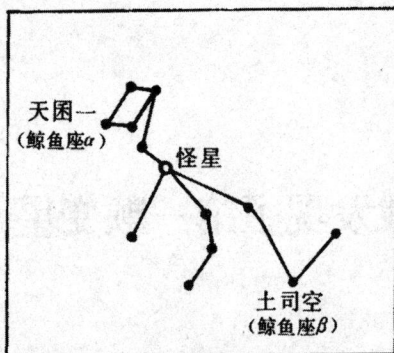

鲸鱼座

人之一。不过他发现第一颗变星却是在望远镜发明之前 10 年的事。那天，他正在观察鲸鱼星座中的恒星，看到一颗亮度为 3 星等的星。但在 10 月以前这颗星就消失不见了。他对这颗星没有特别注意，因为它看上去完全是一颗普通的恒星。法布里修斯没有继续研究下去。几年以后，他遭到不幸，一次他在宣讲教义时说，他的一只鹅被人偷去了。他暗示已知道是谁偷的，但他还没来得及说出窃贼的名字就被人谋杀了。因此，他生前并不知道天空中的第一颗变星就是自己发现的。

1603 年，拜尔正在编制他自己的星表，这时他在法布里修斯记下那颗星的同一位置也记下了一颗星。这次它表现为一颗 4 星等，拜尔用希腊字母 O 给它命名，但他并没把它与法布里修斯的那颗消失了的星联系起来；蒂宾根大学的一位数学教授在 1631 年又一次看到这颗星，他也像拜尔一样疏忽，没有想到法布里修斯的那颗星。

后来，在 1638 年，一位荷兰教授霍尔瓦尔达开始进行一系列观测，证明鲸鱼座 O 星是定期出没的。它是一颗真正的变星。从 1648 年以后，德国人赫维留斯进一步的观测证明，它的周期约为 331 天；它最亮时能达到 2 星等，比北极星还亮；它在最暗时降到 9/1/2 星等，甚至用双筒望远镜也看不到；它发出橙红色的光，是直径很大的红巨星。

　　这颗鲸鱼座 O 星是第一颗被确认的变星，它被恰当地叫做"怪星"，前面的图中标示出了这颗长周期变星的位置。此外，它还有一个很奇特的中国名字，叫做"蒭藁增二"，它的周期和最大星等都不是恒定的。这颗变星的发现，使恒星的种类又增添了一种。半个世纪以后，天文学家们又陆陆续续地发现了别的变星，那遥远的星际越来越多地为人们所了解、所熟悉。

　　尽管法布里修斯本人并不知道自己的发现有多么重要，他甚至不知道自己的确做出了一个发现，然而，每当人们讲起天文学的历史，讲起继文艺复兴之后科学复兴的 17 世纪，便会想起这位在天文史上值得一书的人和他所发现的第一颗变星。

鲜花广场上的殉道者

在意大利罗马的鲜花广场上，高高耸立着自然科学伟大的殉道者、文艺复兴时代最卓越的思想家之一乔尔丹诺·菲利普·布鲁诺（G.Bruno，1548～1600）的雕像，他那敏锐的目光眺望着远方，眺望着未来。雕像下面的底座上铭刻着这样的献辞：

献给乔尔丹诺·布鲁诺——他所预见到的时代的人们

这里，就是布鲁诺被教皇宗教裁判所下令活活烧死的地方。他牺牲时刚满52岁，在其一生52年中就有7年多是在宗教裁判所监狱中度过的。

1548年，布鲁诺出生在拿不勒斯附近诺拉城一个没落小贵族家庭。由于家境贫困没能上大学，15岁时被送到一所修道院里做工，在那里他阅读了许多书籍。1572年他成为牧师，并获得了哲学博士学位。然而，他对自然科学发生了浓厚的兴趣，逐渐地对宗教神学产生怀疑，大胆地写了批判《圣经》的论文；他到处讲学，结交著名的人文主义者，撰写大量反对宗教哲学的著作；他赞美哥白尼的《天体运行论》是"丰碑似的著作，在青春初显的年代震惊了我们的心灵"。他认为宇宙是无限的，在太阳以外，还有无数个类似的天体系统，太阳只是一个天体系统的中心，而不是整个宇宙的中心；太阳不是不动的，它对于其他恒星的位置也是变动的。这就进一步发展了哥白尼日心说思想，把人对天体的认识提到了一个新的高度。

正是由于这些原因，年仅 28 岁的布鲁诺引起了宗教裁判所的注意。他在受到迫害威胁时逃了出来，途经罗马逃到意大利北部，从此开始了他那漂泊不定、苦难深重的一生。13 年间，他到过瑞士，又逃到法国，去过英国和德国，而所到之处他都受到迫害和排挤，蹲过监狱，可他总是挺身而战，坚韧不拔。然而，宗教裁判所的奸细始终像影子一样跟随着他，他随时有落入虎口的危险。

1591 年，一位威尼斯贵族莫钦尼柯邀请布鲁诺回国讲学，就这样，布鲁诺回到了阔别多年的祖国，住在莫钦尼柯的家中。像以往任何时候一样，布鲁诺襟怀坦荡，毫不隐瞒自己的观点。殊不知，他的言一行却被莫钦尼柯一点一滴地记了下来，并于 1592 年 5 月正式向宗教裁判所寄出了告发布鲁诺的第一份密报，声称自己"准备把他交给您的法庭，因为我的全部愿望是当一个教会的忠实顺从的儿子"，紧接着，他又连续寄出了两封告密信，于是布鲁诺遭到逮捕，被关进宗教裁判所监狱。从此，他在黑牢中无人过问，几乎被埋葬了整整 4 年。而宗教裁判所为了要揭露他的异端思想和观点，利用这充裕的时间，四处搜罗罪证，要置布鲁诺于死地。

直到 1596 年 12 月，罗马宗教裁判所才开始了对布鲁诺的审讯。而审讯他的宗教裁判所委员会成员，全都是罗马教廷的台柱子，无不主张要严加惩办，而且更希望能迫使布鲁诺谴责自己，悔改并抛弃自己的学说，服从教会。因为布鲁诺是当时人文主义者中一位最英勇、最有才华的思想领袖，如能使他屈服，就成为教廷对整个新思想、新文化的重大胜利。然而，布鲁诺坚决否认有罪，拒绝服从教会。于是，宗教裁判员们决定动用刑罚，企图用肉体的痛苦来迫使布鲁诺屈服。但是，布鲁诺无畏地承受了这一切非人的磨难："谁倾心于他的事业之宏伟，谁就不会感到死的可怕。至于我，我永远不相信那害怕肉体痛苦的人能与神圣的事物结合起来！"

　　1598 年底，罗马发生大水灾，宗教裁判所监狱被淹，布鲁诺差点被淹死。但这毫不影响审讯的进行。为了取得"罪证"，宗教裁判所在布鲁诺的囚室中安插奸细，而这些人的供述则成了审讯布鲁诺的根据。这一计十分有效，他们搜集到了许多指控布鲁诺宣传"存在着许多世界"的材料。终于在 1599 年 2 月，宗教裁判所向布鲁诺发出了最后通牒：或招认或抛弃谬误，保住生命；或被开除出教而死。期限是 40 天。布鲁诺面临着生与死的抉择，而他坦然选择了为科学、为真理而献身的道路。7 年多的铁窗生涯和酷刑折磨没有折服他，死亡的威胁同样不能吓倒他。

　　死神在一步一步逼近。1600 年 2 月，罗马宗教裁判所宣布了最后

乔尔丹诺·布鲁诺

的判决：布鲁诺被开除出教并将被处决；他的一切著作都是异端邪说并被列人禁书目录。布鲁诺镇静地听完判决后，讽刺地对裁判员们说：

"你们宣读判决可能比我听到它更加胆颤心惊！"

2月17日，在罗马鲜花广场上，刽子手塞住了布鲁诺的嘴，用铁链把他绑在火堆中心的柱子上，勒紧了嵌进肉里的绳子。火堆点燃了，布鲁诺的最后一句话是：

"我自愿作为一个蒙难者死去！"

布鲁诺英勇地牺牲了，为了真理，为了科学，为了自由思想。布鲁诺对于他所捍卫的科学世界观和人类崇高理想的忠诚，赢得了人们世世代代的崇敬和爱戴。1889年6月，在鲜花广场处决布鲁诺的刑场上建立了一座至今仍然耸立在那里的纪念像，但布鲁诺的全部著作却直被列入罗马教廷的禁书目录，一直到1948年才解禁。

布鲁诺死后还不断受到那些仇视科学和真理的人的咒骂。直到现代，仍有不少人为杀害布鲁诺的罪魁祸首——罗马教廷辩护。但是，这一切都无损于布鲁诺的伟大，"死在一时，活在千古！"

星座的名字与神话

同学们是否知道，夜晚，在那深蓝色的天幕上闪闪烁烁的星座中，每一个星座都有一个美丽的名字，就像我们每一个人一样。古人把恒星分成了若干群，每一群就是一个星座，而每一个星座又是以一个动物、一个普通物体或神话中的神和英雄来命名的，例如大熊座、天箭座、猎户座、武仙座等。与这些星座的名字相联系的，是一些古老而美丽动人的神话传说，其中最著名的就是下边我们要讲的这个关于英雄和海怪的故事。

传说以前有个王后卡西俄珀亚，她的女儿安德洛墨达长得美丽非凡。卡西俄珀亚竟狂妄地夸耀她的女儿比海洋仙女——权势强大的海神尼普顿的女儿们更可爱。尼普顿勃然大怒，为了报复，他派一个海怪来进攻这位王后的国土，海怪肆意蹂躏沿海的一些地方，没过多久就使王后和国王刻甫斯陷人绝望之中。

刻甫斯只好祈求神谕该怎么办，神指示他说，唯一拯救他的国家的办法，就是把安德洛墨达锁在一块悬岩上让海怪来吞噬她。这时，除了同意这个办法王后和国王别无他途了。国王沉痛地下达了命令，于是安德洛墨达便被锁在悬岩上，等待那可怕的海怪的到来。

此时，英雄珀耳修斯刚刚杀死了墨杜萨。墨杜萨是一个女妖，没有头发，头上却盘缠着许多毒蛇，她的目光所到之处，无论什么生物都会化作顽石。珀耳修斯得到神助，提着女妖的头颅正飞往家乡。当他看见锁在悬岩上的安德洛墨达时，他马上俯身冲下来，那海怪刚一出现，珀耳修斯便用女妖的头对准它，把它变成了石头。于是，他救下了安德洛墨达并与她结了婚。

这个神话中的所有人物都可以在天空中找到：手提女妖头颅的珀耳修斯；刻甫斯和卡西俄珀亚；海怪刻图斯一直延伸到南部天空，占领很大一片天区。

这仅仅是许多这类故事中的一个，是与星座的图形有关的最著名的神话传说之一。用类似的方法，托勒密一共列出了 48 个星座，其中 21 个星座在北部天空，15 个在南部天空，

珀耳修斯和安德洛墨达的传说

12 个组成黄道带。然而，天空并不是布满了星座，还剩下一些空白处，第谷增添了 2 个星座，而一位德国律师则添加了南天的 12 个星座。从那时起，星座的数目一直在不断增加。

有一个时期，天文学家们都要给自己的星座起个名字，否则他就会感到不舒服。然而，并不是所有星座的名字都得到了公认。例如，17 世纪的一位德国天文学家列举了 9 个名字又长又笨的新星座，其中有"布兰登堡的王杖""气球""印刷机"等。现在，除了研究历史天文学的人，这些古怪的名字已被人遗忘了。

1603 年，由拜尔编制的著名的恒星图《天图》出版，这是西方第

一幅完整的天图。在这个恒星图中,拜尔把恒星按照其星等用字母加以标记,从而创立了一个沿用至今的命名系统。

拜尔所关心的不是那些美丽动人的神话传说,他一直希望能有一种方便的命名法。在经过了很长时间的思考和摸索之后,他决定用希腊字母代表同一星座中的每颗恒星,从第一个字母 α 开始到最后一个字母 ω 为止。这样,仙女座中最亮的那颗星就成了仙女座 α 星,次亮的星就是仙女座 β 星,亮度居第三位的是仙女座 γ 星,以此类推。这种命名系统简单明了,因而拜尔的希腊字母标记法至今仍在使用。

在望远镜发明以前,这张恒星位置图是画得最为精确的,而且还相当准确地标出了恒星的赤经和赤纬(大致相当于地球表面上的经度和纬度)。我们只要知道了某个天体的赤经和赤纬之后,就能够像指明某个地方在地球上的经度和纬度便可确定该地方在地球上的位置那样,确定该天体在天空中的位置。

由于恒星的距离太远,因此看起来它们的相对位置几乎是永远不变的,但赤经和赤纬由于进动效应却在极缓慢地变化着。今天,我们能够得出一颗恒星或一颗行星的误差在 1 角秒内的赤经和赤纬,然而,400 年前第谷却不得不满足于 1 或 2 角分的精确度。当然,这并不是由于第谷的技术不好,他没有望远镜,能达到这样的精确度已经是很惊人的了。因而拜尔完全信任他所绘出的天体位置,并且利用第谷所确定的恒星的位置和星等,编制出了《天图》。

尽管关于拜尔本人的情况,今天我们还知道得很少,但有一点是可以确定的,他虽然不像第谷那样赫赫有名,然而他却同第谷一样在努力而巧妙地工作着,值得我们纪念。

第一个用望远镜观测天象的人

伽利略奥·伽利略（G. Galilei，1564～1642），是意大利文艺复兴后期伟大的天文学家、物理学家、力学家和哲学家。他于 1564 年 2 月 15 日生于意大利西部的比萨城，父亲是一位音乐家，精通希腊文和拉丁文，对数学也颇有造诣，因此，伽利略从小就受到良好的家庭教育。他是长子，有两个弟弟和四个妹妹。1572 年当他 8 岁时，在比萨念书，他聪明伶俐，好学不倦，不但成绩优异，而且还喜爱绘画和音乐，他平日还喜欢制造各种机械小玩具给弟弟妹妹玩耍。后来，12 岁的伽利略进入佛罗伦萨附近的修道院学习。老师想把他培养成为神职人员，父亲希望儿子长大后能成为一名医生，但伽利略最终却是因在天文学和物理学做出了卓越的贡献而为世人所怀念。在这一篇里，我们就先来讲一讲伽利略与天文望远镜的故事。

1608 年夏天，伽利略访问威尼斯，这时他听说一个荷兰眼镜商人曾经偶然有了一个奇怪的发明：当他在店里制造眼镜片时，他注意到如果将一个凸镜片和一个凹镜片合在一起，所看到的远方景物就好像近在眼前。这个偶然的消息引起了伽利略的兴趣，他以一贯的认真态度开始研究这项课题。他明白了望远镜的放大原理以后，就自己设计制造望远镜。最初制成的只能放大 3 倍，经过不断改进，最后能放大到 32 倍，于是伽利略能够用望远镜来亲眼观察天体了。在一个晴空万里的夜晚，他第一次用望远镜观察了月亮。

伽利略

　　自古以来，人们都认为月亮是皎洁无瑕、晶莹光滑的天体，但伽利略却用望远镜发现了一系列新奇而又重要的天文现象：月球表面凹凸不平，有高山深谷；金星和月球一样有盈有亏；木星有四颗卫星；土星有美丽的光环；太阳能自转，自转周期为 28 天（实际是 27.35 天），周围有黑子；他还发现了银河是由无数单个的恒星所组成；得出了"小星群集而成"的正确结论。伽利略欣喜若狂，他整夜整夜不知疲倦地观察和记录，还根据看到的现象绘制了一幅月面图。后来，他用祖国两座山脉的名字，为月球上两座最显眼的山脉命名：一座叫"阿尔卑斯山"，一座叫"亚平宁山"。这样，天体的秘密，第一次被人类揭开了。

　　1610 年，伽利略把自己的一系列发现写成了一本通俗读物《星际使者》，在威尼斯出版，轰动了当时的欧洲。人们把他誉为"天空的哥伦布"，说他发现了"新宇宙"。的确，伽利略的发现不仅开拓了人的视野，使哥白尼和布鲁诺的学说得到了强有力的证明，而且开创了天文学的新时代。

但是，伽利略的重大发现，对当时统治欧洲的教会势力来说，又是一次沉重的打击。他们愤怒至极，对伽利略大肆攻击，诬蔑伽利略是一个骗子，胡说他的望远镜是魔鬼的发明。伽利略受到极大的压力，教会要他向教皇保罗五世作出保证，不再坚持、宣扬或者捍卫哥白尼学说，否则就要受到严惩。由于布鲁诺的遇难给他留下了深刻的印象，迫使他不得不改变斗争方式，答应遵命并在《否认书》上签了字。负责审讯他的红衣主教得意扬扬，以为自己一声令下，就停止了行星环绕太阳的运动。

伽利略带着懊丧和羞愧回到佛罗伦萨，他沉默了几年，只是静静地观察星空，静静地研究天体，而不敢把所发现的东西公诸于世。但对于一个科学家来说，世上最重要的乃是真理，他感到自己无法长期保持沉默，1632年，他出版了《关于托勒密和哥白尼两种宗教体系的对话》，宣称哥白尼是正确的，并比以前更为详尽地解释了哥白尼的学说。

于是，他再一次受到宗教裁判所的审讯。这时，他已年近70，身体虚弱。起初，他说自己是无罪的，但在宗教裁判所的残酷刑罚折磨了六个月之后，风烛残年的伽利略被迫在已为他写好的悔过书上签了字，请求教会的宽恕。可是，在他签完字后从跪着的地方站起来时，却喃喃地说道："可是，地球仍在转动呵！"

宗教裁判所宽大处理了这位大科学家，没有判处他死刑，而是判决他终生不得出家门。他被禁止再做任何实验或写任何书籍，但这位意志坚强的老人，在监禁中仍然进行着研究工作。不能再研究天文学了，于是就研究物理学，终于在1636年偷偷完成了他一生中另一部更有代表性的伟大著作《关于两门新科学（力学和弹性学）的讨论和数学证明》。

　　伽利略发明了天文望远镜，给了人类以认识世界的有力工具，给自己带来了痛苦，晚年被监禁，爱女去世，双目失明，往日的好友也疏远，只有一位爱戴他的学生一直在照料他、帮助他。1642年1月8日凌晨4时，这位为科学、为真理而战斗一生的伟大战士，在佛罗伦萨城含冤逝世。他在离开人世的前夕还重复了他以前常说过的一句话："追求科学需要特殊的勇敢！"

　　1979年11月，罗马教皇保罗二世公开为伽利略平反昭雪，宣布1633年对伽利略的"终身监禁"的判决，是"不公正"的，是"错误地定了罪"。在科学与宗教势力的斗争中，伽利略是胜利者，真理最终战胜了邪恶。

看不清星星的天文学家

看了这个题目，一定会有同学感到很可笑，天文学家就是靠着一双敏锐的眼睛来进行他的研究工作的，一个连星星都看不清的人，怎么称得上是天文学家？没错，在这一篇文章里，我们讲的就是这样一位科学家，他虽然视力不健全，连天上闪闪烁烁的星星都看不清楚，但却在天文学上有了重大突破和发展，被称为"天上的立法者"。他就是德国近代著名的天文学家、数学家、物理学家和哲学家——约翰·开普勒（J. Kepler，1571～1630）。

1571 年 12 月，开普勒出生于德国瓦登堡的威尔城。祖父曾是贵族，父亲当过军人，但当开普勒出生时，家道已经衰落，生活日益贫困，全家人就靠经营一间小酒店来维持生活。开普勒是一个不足月的早产儿，生下来体质就很瘦弱，四岁时得了天花，差点送命，接着又患猩红热。由于家中无钱给他治病，开普勒虽侥幸死里逃生，但身体却受到了严重摧残，视力衰弱，一只手半残，这给他幼小的心灵带来极大的痛苦。

1576 年，开普勒入小学读书，后来又转入拉丁语学校学习。在刚则踏上人生旅途的时候，他身上就表现出一种顽强的进取精神。放学后要帮助父母料理酒店，占去很多时间，但他身残志坚，勤奋努力，所以学习成绩始终名列前茅。

16 岁时，开普勒考上了蒂宾根大学。虽然自己做梦都想上大学，

开普勒——行星运动定律发现者

但真的上了学，身体又感到吃不消了。他依靠坚韧不拔的毅力，克服了体弱多病的困难，学习了哲学、数学、天文学、古希腊语和拉丁语、修辞和诗歌艺术等。在大学期间，他受到热心宣传哥白尼学说的天文学教授麦斯特林的影响，成为"日心说"的拥护者。他信仰哥白尼的学说，更佩服他为真理而斗争的精神，他暗暗下定决心：自己的一生决不庸庸碌碌地度过，一定要在科学上做出像哥白尼那样的贡献。

1600年，应第谷的邀请，开普勒经过长途跋涉，终于来到了布拉格与第谷一同工作。第谷目光锐利，身体健壮，生活奢侈，脾气暴躁，一副权威相，善于精确观察，但缺乏想象力，不相信哥白尼学说；而开普勒则与他性格截然相反，眼睛近视，身体虚弱，待人和蔼，但意志坚强，富于想象力，特别是数学分析能力很强，坚信"日心说"。然而，他们彼此欣赏，共同探讨着天文学方面的种种问题。

开普勒到达布拉格后，一直充当第谷的助手。在第谷的帮助和指导下，他的学业大有进步。1601年，第谷病逝，将多年积累的天文观测资料全部交给开普勒。从此，开普勒开始从事他一生中主要的研究工作，他必须利用汶岛观测资料来确定哥白尼所说的地球围绕太阳旋转是否正确，或者是否可能有另一些解释。

开普勒先是夜以继日地勤奋工作，完成了第谷生前最大的愿望：编写包括一千颗星的《鲁道夫天文表》，这套天文表在 1627 年出版后深受天文学工作者和航海家们的热烈欢迎。然后，他把自己的工作建立在行星，特别是火星的明显运动的基础之上。幸运的是，第谷对火星的位置进行过非常精确的测定，而开普勒完全相信自己有充分的理由信赖这些测量结果，来编制一个火星运行规律的表。

火星被称为"马尔斯"，是根据古希腊神话中一个战神的名字来命名的，开始时开普勒按太阳居中的匀速运动的正圆形轨道来编制火星的运动表，可他发现马尔斯老是出轨。经过反复思考和计算之后，他将正圆轨道修正为偏心圆形轨道。大约又进行了 70 次试探之后，他高兴地找到了一个与事实能较好符合的方案。他以为成功了，可是，按照这个方案来预测火星的位置，仍与第谷的观测数据有 8 分之差。会不会是第谷弄错了呢？不会！开普勒深信第谷那一丝不苟的工作态度，这 8 分之差是无论如何不允许忽视的。正是这 8 分的误差使开普勒走上革新天文学的道路。

开普勒经历了无数次的失败，才意识到火星的轨道不是圆，并断定它运动的线速度跟它与太阳的距离有关。随后，他又将轨道看成是卵形，进而确定是椭圆。1609 年，开普勒出版了《新天文学》一书，书中介绍了他的第一和第二定律。如果说开普勒第一定律能告诉我们某颗行星一切可能的位置，那么第二定律指出了行星沿轨道运动时速率改变的规律，从而能确定该行星在什么时候处于某个可能的位置上。

这两个定律凝聚了开普勒多年来观测和计算的心血，但他并不满足于已经取得的成就，紧接着又去探索行星的运转周期和它们与太阳之间的距离关系。为此，开普勒又埋头工作 10 年，进行了无数次复杂的计算，经受了多次失败的考验，他发现了行星运动的周期定律，即

"开普勒第三定律"。根据这个定律，便可准确地计算出各大行星与太阳的距离以及各大行星公转的周期。

至此，开普勒彻底战胜了被称为"战神"的火星马尔斯，他怀着胜利者的喜悦，在手稿的最后一页画上了一幅胜利女神的肖像。

1630 年 11 月，因长期得不到薪俸，生活已难维持，开普勒不得不亲自回雷根斯堡去索取。可是由于他身体衰弱，耐不住旅行的煎熬，病倒在客栈里。几天之后，这位被后人推崇备至的天文学家在无人过问的情况下悄悄地离开了人世。

开普勒的一生，除了得到第谷的短期帮助外，几乎都是生活在逆境之中。有人这样评说：第谷的后面有国王，伽利略的后面有公爵，牛顿的后面有政府，而开普勒所有的只是疾病和贫困。然而，他对逆境的回答是奋斗，他坚信："失败是向新的灿烂的幻想道路上的起步。"从身体上来说，开普勒是个弱者，但从性格和事业上来说，他却是个真正的强者。

描绘太阳的面貌

伽利略的天文望远镜使他取得了一系列惊人的发现。1611 年，他第一次看见太阳灿烂耀眼的圆面上有些地方有黑斑，即我们今天所说的太阳黑子。而在这以前，人们一直认为太阳是一个纯净无瑕的完美的圆球。

大约与此同时，还有两个人发现了太阳黑子，他们是德国数学家沙伊纳（1573～1650）和年轻的观测家法布里修斯（J. Fabricius，1587～1616）。究竟是伽利略还是沙伊纳最先用望远镜观察太阳黑子，这个优先权的问题曾引起过很大的争议。

既然发现了这种奇异的黑斑，那么就必须找出解释它们的方法。沙伊纳·约翰内斯·赫维留斯（J. Hevelius，1611～1687）绘制了太阳黑子图；伽利略经过研究深信黑子是在日球表面附近不断产生、然后熔化的物体，有的熔化得较快，有的则较慢，而且它们在太阳自转的带动下围绕太阳转动。

但是，伽利略后来没有继续研究太阳黑子，他陷入了与教会的纠纷之中，而且，他晚年的视力大为衰退，已无法观察表面温度达6000℃的太阳。

其实，太阳黑子的起源与磁现象有关。太阳有一个磁场，磁力线在太阳的明亮表面下面从一极到另一极。太阳的自转与固体的自转不同，赤道区域转动得比极区快。所以几年之后，磁力线正好把太阳缠绕住而在两极处集结成束，产生了"结"。最后，一个磁力回路突破太阳表面——这样就产生了两个黑子，一个在北极，另一个在南极。大约在 11 年后，这些结绕得太紧和太复杂，以至破碎，于是太阳就很快地恢复它原来的状态，这就说明了太阳黑子的产生和周期的规则性。

实际上，我们现在的关于太阳的知识，大部分是使用根据分光镜原理制作的更加复杂的仪器而获得的。而在伽利略、沙伊纳他们那个时代，天文学家所能做的只是记录各种黑子群和研究它们的行为。与此同时，还有一些研究者们则在注意着另一种与太阳有间接关系的现象。

在开普勒最后的一项伟大工作《鲁道夫行星运行表》中，曾预言 1631 年将发生水星凌日和金星凌日，水星在 11 月 7 日，金星在 12 月 6 日。这里，我们先来看一看什么叫做"凌日"。

在哥白尼体系中，水星和金星这两颗行星围绕太阳运行的距离比地球运行的距离要短，如果这两颗行星中的一颗恰好从地球与太阳之间经过，就会看到有一个黑点从太阳圆面通过，所需时间取决于这颗行星是沿太阳的直径、还是从靠近太阳圆面的边缘穿过。这种现象就叫做凌日。显然，我们能看到的只有水星和金星的凌日，因为其余的行星到太阳的距离则比地球到太阳的距离远。但如果我们站到火星上去观察，就能看到偶尔出现的地球凌日。

如果水星和金星的轨道与地球轨道位于同一平面上，那么，它们每次到达下合时都会发生凌日。但事实并非如此，由于水星和金星的轨道分别与地球轨道有 7 度和 3/1/2 度的倾角，造成了在大多数下合时，水星和金星从太阳上方或下方的天空经过，因而不发生凌日。

1631 年冬天，开普勒已经去世了，但他所预言的水星凌日被法国数学家皮埃尔·伽桑迪（P. Gassendi，1592~1655）成功地观察到了。水星是一个小星球，它在凌日通过月面时，由于太小，不借助望远镜是无法看到的。金星凌日更为有趣，伽桑迪从 12 月 4 日就开始观察，一直到 7 日黄昏，他什么也没有看见，深感失望，因而怀疑开普勒的预言可能有错。可实际上金星凌日确实发生了，只不过它是在 12 月 6 日至 7 日在北部夜晚发生的，而当时太阳位于法国的地平线以下，身在法国的伽桑迪自然就什么也看不见了。

自这次金星凌日之后，开普勒预言在 1761 年以前不再发生金星凌日。然而，一位年轻的英国教士杰里迈亚·霍罗克斯（J. Horrocks，活跃时期约为 1640 年左右）重新做了计算，确信金星将于 1639 年 11 月 24 日①要发生一次开普勒没有预言到的凌日。霍罗克斯在即将发生凌日前不久才完成了他的计算，刚来得及通知住在附近的兄弟乔纳斯和一位朋友，因而当这个从未观察到过的现象在预报时间发生时，他们三人是仅有的目击者。

霍罗克斯在孩提时代以及在剑桥大学求学时，便自学天文学，极其信奉开普勒的行星理论，做了大量的研究，然而他年仅 22 岁就早逝，而且在世时几乎无人知晓，直到他死了 30 年之后，幸存下来的著作才得以正式发表，人们也才从这些著作中了解到他的工作和他的伟大。在他的故乡附近，有一座为纪念他而以他的名字命名的天文台。他是第一位看见金星在刺眼的太阳表面上宛如一个黑点的人。

虽然在 17 世纪初，天文学家们对太阳的认识还仅仅局限于太阳黑子和凌日现象，但这种研究已经为我们描绘出了一个太阳的面貌，因此称得上是两个惊人的发现。

---

① 指旧历，按新历为 1639 年 12 月 4 日。

望远镜中的月亮

自从伽利略第一次用望远镜作了天象观测之后，越来越多的天文学家也步其后尘，忙着用望远镜这个"魔鬼的发明"去探查离地球最近的太阳系中的天体。

一位英国人在观看了月亮之后，对月球表面作了生动的描绘，他说："通过望远镜看到的月亮就仿佛是厨师做的一块果馅饼；这边发亮，那边发暗，简直一团糟！"一些天文观测家开始画月面图，想把望远镜中所看到的月球表面形状绘在纸上，而第一幅真正有用的月面图却是到了 1647 年，才由一个富商兼波罗的海但泽港的市议员赫维留斯画成。

赫维留斯生于 1611 年，曾在莱顿大学读书。毕业后，他用了三年时间到英国、法国和意大利游历，然后又回到了但泽。他把业余时间全都用来研究天文学，并且在自家的屋顶上建起了当时欧洲最好的天文台。天文台共有四个独立的建筑，其中最引人注目的是那架望远镜，因为它竟然有 150 英尺①长！

原来，用这么长的镜筒是为了要矫正色差效应，以便于正常观察。然而要制造这样长的镜筒简直是一项浩大的工程，而且，物镜必须装在 90 英尺高的地方。这是 17 世纪笨重的"高架望远镜"之一，使用

---

① 1 英尺＝30.48 厘米。

赫维留斯使用的 150 英尺长的望远镜

起来极不方便，但是赫维留斯却用它完成了很好的观察，甚至编制了一个恒星表。其实这架望远镜还不是最长的，据说还有人设计过一架600 英尺长的望远镜，虽然最终没有制成。

　　赫维留斯认识到月亮上的暗区是平原，而亮区是群山，他估算出月面上至高点的高度，比伽利略的估算要准确。他还列举了月面的各种形态，并画出了一幅完整的月面图（直径略小于 1 英尺）。赫维留斯计划用地球上的一些名称来给月球的环形坑和平原命名，他把一座大环形坑称为"埃特纳"，这是意大利境内一座火山的名字；另一座环形坑称为"大黑湖"，等等。然而，这种命名法很不方便，不久即被废除。现在仍使用的赫维留斯命名的环形山只剩下四五个了。

1651 年，一个耶稣会士里奇奥利（G. Riccidi）发表了另一幅月面图。在经过仔细考虑之后，他决定废除赫维留斯的名称，而采用了一种截然不同的命名体系。月面上一些暗黑色的平原区域被他误认为是海，因而取名为风暴洋、雨海和澄海等。同时，为了纪念一些与科学有关的著名人物，里奇奥利便用他们的姓氏来给环形坑命名。

由于里奇奥利是第谷的崇拜者，因此他用这位伟大的丹麦天文学家的名字去命名月亮上最突出的环形坑；而不为他所相信的哥白尼却"被扔进了风暴洋"。他把所有的大环形坑都更换了名字，为了纪念希腊的大哲学家柏拉图而以他的名字对赫维留斯的"大黑湖"重新命名；恺撒的名字给了靠近月亮圆面中心的次要环形坑；在风暴洋的边缘可以找到伽利略的名字……而里奇奥利本人的名字自然也就用来命名一个大环形坑了。

里奇奥利命名体系至今仍在使用。今天的月面形态表中又增添了以后的天文学家的名字。根据摄影测量绘制的最新月面图包括了 800多个不同的名字。当然，这个系统在某些方面也是很不恰当的，比如以牛顿命名的尽管实际上是月球上最深的环形坑，但它已经毁坏得不易辨认了，那些以伽利略、哈雷等人命名的环形坑也与这些人的声名不太相称。然而，总的体系肯定不会变动，它已经使用了三百多年，成为了确定的系统。到后来，月亮的背面图也编绘出来了，那上面的形态仍是按照里奇奥利系统命名的。

在里奇奥利之后的 100 多年间，没有人画过更好的月面图。赫维留斯的遭遇很不幸，他精心建立的屋顶天文台连同他的许多未发表过的观察结果统统被焚毁了，他刻制着月面图的铜版后来被制成了一把茶壶。尽管如此，自从 1609 年冬天伽利略第一次把他的小型望远镜对准天空以来，经过赫维留斯、里奇奥利，以及后来荷兰天文观测家惠更斯、意大利的卡西尼、法国的奥祖等人的辛勤工作，观测天文学已向前跨进了一大步。

数　学　篇

难于寻找的三次方程求根公式

同学们知道，方程是代数中广泛应用的重要内容之一，很多实践或理论中碰到 $ax^3+bx^2+cx+d=0$ 的问题，都可以归结为一元代数方程的求解。可是，你是否知道，为了寻找方程的求根公式，人们经过了一个多么漫长而艰难的历程？

人们认识得最早的方程是一次方程，它也是最简单的一种方程。按现在的记法，它的一般形式为

$$ax+b=0 \ (a\neq0),$$

它的根为 $x=-\dfrac{b}{a}$。这是最简单的求根公式。到公元 3 世纪时，对一次方程的研究已取得了很多重要成果。

人们对二次方程的研究也很早。公元前古巴比伦的楔形文字泥板，我国世纪初就成书的《九章算术》，都记载有某些形式的一元二次方程的解法；9 世纪阿拉伯数学家花拉子模，在《代数学》中给出了一般一元二次方程的公式解。

那么，三次、四次方程是否像二次方程一样，能找到求解的公式呢？直到公元 15 世纪，这仍然是个世界性的难题。当时不少数学家认为，不是没有找到解法，而是根本没有这样的公式。

第一个给出三次方程一般解的，是意大利的数学教授希皮奥内·费罗（S. dal Ferro，1465～1526）。他在 1505 年左右宣布解出了 x^3+

$px+q=0$ 类型的三次方程。但当时，意大利数学界盛行着一种风气，数学家有所发现，从不轻易发表，而是向他人挑战征答，或等待悬赏应解以获取奖金。因而费罗也没有公开自己的成果，却把它秘密传授给了学生菲俄。直到今天，费罗究竟是如何求解的，仍是一个谜。

几年以后，一个年轻人开始在数学界崭露头角，他就是靠自学成才、为三次方程求解做出了杰出贡献的尼古拉·塔尔塔利亚（N. Tartaglia，1499～1557）。他幼年时，正值意、法交战，在一次逃难时，父亲被法军杀死，他头部也受了重伤，母亲在尸堆中救出了他。由于伤势过重，而且神经受到刺激，伤愈后他说话就不清晰了，于是得了个绰号叫"塔尔塔利亚"，这是意大利语，就是"结巴"的意思。后来他就以这个绰号为笔名发表文章。

塔尔塔利亚儿时家境贫困，没钱买文具纸张，母亲就把丈夫坟上的青石碑作石板，教他认字算数。塔尔塔利亚天资聪慧，勤奋刻苦，在数学上很有造诣，后来就在意大利各地靠教数学谋生。1530 年，他与另一位数学家进行数学竞赛，结果塔尔塔利亚顺利取胜，一时间名声大振。

费罗的学生安东尼奥·马里拉·菲俄听说了这场比赛，心中不服，便与塔尔塔利亚约定，于 1535 年 2 月 22 日在米兰市大教堂进行公开比赛。当塔尔塔利亚得知菲俄是费罗教授的高徒时，估计到菲俄肯定要拿三次方程来为难自己，于是他苦心钻研三次方程的解法，连日连夜，通宵不眠，终于在规定的期限前 10 天找到了解决三次方程的解法，为比赛作好了充分准备。

2 月 22 日，米兰大教堂热闹非常，比赛开始了。双方各出了 30 个三次方程的题目，其中就有 $x^3+px+q=0$ 这种类型。不到两个小时，塔尔塔利亚宣布 30 个题全部解出，众人瞠目结舌。而菲俄一筹莫展，最后塔尔塔利亚以 30：0 获胜。

消息一经传出，震惊了数学界，许多学者都请求塔尔塔利亚公开

介绍他所使用的解法。塔尔塔利亚打开了绵延七百多年的僵局，得到了一个美妙的公式

$$x=\sqrt[3]{\frac{q}{2}+\sqrt{(\frac{q}{2})^2+(\frac{p}{3})^3}}-\sqrt[3]{-\frac{q}{2}+\sqrt{(\frac{q}{2})^2+(\frac{p}{3})^3}}$$

用这个公式就可以不费力气地把三次方程的根计算出来。然而，塔尔塔利亚守口如瓶，绝不透露丝毫解法，而是打算等自己译完欧几里得与阿基米德的著作后，写一部代数著作公布三次方程的解法。所以来访的人都是乘兴而来，扫兴而去。于是，这就引出了我们后边要讲的另一个故事。

"怪杰"数学家与"仆人"数学家

塔尔塔利亚胜利的消息传遍了意大利，人们在惊讶之余赞叹不已。这时，一个"怪杰"被惊动了。他也是意大利人，名叫吉诺·雷蒙·卡尔达诺（G. Cardao，1501～1576）。他先是学医，毕业后成为欧洲著名的医生。但他对数学也有特殊的爱好和才能，发表过很多数学著作，后来成了一位数学教授；他还以星象占卜而出名；他嗜好赌博，玩了 25 年的骰子，颇有研究，因此写了一本《赌博之书》，专讲掷骰子出点的规律。

卡尔达诺就是这么一个奇怪的人，学术上多才多艺，颇有建树，品德上却怪癖欺诈、放荡不羁，既是学者又是无赖，渡过了光怪陆离的一生，是文艺复兴时代的一个"怪杰"。他曾长期研究三次方程，但一直不得其解，因此塔尔塔利亚的成功使他更加渴望获得三次方程的解法。

开始，卡尔达诺亲自登门拜访塔尔塔利亚，请求把这个秘密告诉他。但塔尔塔利亚因为自己要编写一部代数著作，就直率地拒绝了卡尔达诺的要求。

于是，卡尔达诺改用感化术，他一次次地向塔尔塔利亚虚心求教，以"勤奋"、"好学"、"真诚"的精神去感动塔尔塔利亚，并发誓恪守秘密，决不泄露。塔尔塔利亚经不住他再三的恳切要求，便在严守秘密的前提下，把自己的解法写成一首语句晦涩的诗，交给了卡尔达诺。

几年以后，费罗的女婿访问卡尔达诺和他的学生诺多维科·斐拉里（L.Ferrari，1522～1564）时，卡尔达诺认定塔尔塔利亚的方法与费罗是相同的，于是他违背了自己的诺言，1545 年把这个方法发表在他的《大法》一书中。不管这种做法是否合乎情理，卡尔达诺的工作的确是结束了长期以来人们对这个公式的探索，因此后人就把三次方程的求解公式称为卡尔达诺公式。

《大法》发表了，塔尔塔利亚发现自己的结果竟在这本书里泄露无遗，他气极了，在盛怒之下向卡尔达诺提出责难。第二年，他发表了《种种疑问及发明》，公布了自己的方法，同时说明了事实真象。后来又向卡尔达诺提出仍要在 10 年前和菲俄比赛的地点，再度公开竞赛，以决胜负。

然而，这次出来与塔尔塔利亚交手的，并不是卡尔达诺本人，而是他的学生斐拉里。

斐拉里也是出生于贫苦家庭，很小就成了卡尔达诺的仆人。但后来，卡尔达诺发现他具有非同一般的数学才能，就不拘一格收他做了学生，后来成为卡尔达诺的秘书。他风华正茂，聪明伶俐，能言善辩，这次代替卡尔达诺出面参加与塔尔塔利亚的比赛，轻而易举地就战胜了结结巴巴的塔尔塔利亚，彻底扭转了局势。数学史上这一场著名的论战，使得三次方程的求解过程广为后人所知。

塔尔塔利亚一败涂地，狼狈地回到威尼斯，从此潜心于撰写代数学的鸿篇巨著。但遗憾的是他还没有写到三次方程求解的部分就与世长辞了。

用卡尔达诺公式求根时计算是比较麻烦的，特别是当它的判别式 $(\frac{q}{2})^2+(\frac{p}{3})^3<0$ 时，会碰到复数开方的运算，更为麻烦。因此，一些数学家开始寻找这种情况下更简单一点的求根公式。1591 年一位数学家找到了这样一个公式：若 $(\frac{q}{2})^2+(\frac{p}{3})^3<0$，则方程的三个根是

$$\begin{cases} x_1 = 2\sqrt{-\dfrac{p}{3}}\,cos\,\dfrac{\varphi}{3} \\[3mm] x_2 = 2\sqrt{-\dfrac{p}{3}}\,cos\,\left(\dfrac{\varphi}{3}+\dfrac{2\varPi}{3}\right) \\[3mm] x_3 = 2\sqrt{-\dfrac{p}{3}}\,cos\,\left(\dfrac{\varphi}{3}+\dfrac{4\varPi}{3}\right) \end{cases}$$

这里 $cos\varphi = -\dfrac{q}{2}\left(-\dfrac{p^3}{27}\right)^{-\frac{1}{2}}$，$0 < \varphi < \varPi$，至此，三次方程的求根公式更加完整。

斐拉里因大败了塔尔塔利亚而名噪一时，当上了大学的数学教授，这时他已掌握了四次方程的解法，而且解得非常巧妙。他的工作使数学从三维空间的束缚中解放出来，开辟了更高次方程的研究道路。

代数学之父

在求解一元二次方程或考虑多项式的根与系数之间的关系时，同学们大概都会想到韦达定理吧。不知你是否了解这位 16 世纪最杰出的数学家、代数学奠基者？

1593 年，一位比利时数学家罗芒乌斯在自己的著作《数学思想》中提出了一个 45 次方程的求根问题，轰动了比利时。驻法国的比利时大使更是引以为荣，在一次拜见法国国王时便骄傲地提起此事，夸口说法国还没有一个数学家能解决罗芒乌斯的问题。法国国王听此狂言顿时心中不悦，立刻召来了费兰西斯·韦达（F. Vieta，1540～1603)，让他解这个方程，用现代方程写出这个方程就是：

$A = 45x - 3795x^3 + 95634x^5 - 1138500x^7 + \cdots - 740259x^35 + 111150x^37 - 12300x^39 + 945x^41 - 45x^43 + x^45$。

韦达仓促应战，可几分钟后他就平静了下来。原来，他看出这个方程的解依赖于 $sin45\theta$ 与 $sin\theta$ 之间的关系，而只要把这个方程分成一个 5 次方程和两个 3 次方程就行了。于是他很快地就解出了方程。为了以牙还牙，韦达也向罗芒乌斯挑战：看谁能解"作一圆与三个给定圆（允许独立地退化成直线或点）相切"的问题。罗芒乌斯用欧几里得几何方法没能解出，而韦达却解了出来。当罗芒乌斯得知韦达的天才解法后，十分敬佩，不惜长途跋涉来到法国，专程拜访了韦达。从此他们结下了亲密的友谊，传为数学史上的一段佳话。

韦达

　　然而，作为 16 世纪最伟大的数学家，韦达却是一位律师出身的政治家。他在大学时学的是法律，毕业后当过律师、布列塔尼议会的议员，后来又成为那瓦尔的亨利亲王的枢密顾问官。他热衷于政治，但又对天文学、数学都有浓厚的兴趣，常常是一连数日关在家里搞研究。1584 年到 1589 年间曾一度被免官，这使他更倾心于数学研究。

　　韦达是文艺复兴运动的积极分子，是一位人文主义者。然而，他之所以在历史上闻名，却主要是因为他对代数学做出了极大贡献。而代数学在本质上最大的变革是从它的符号体系方面开始的。

　　韦达在从政之余研读了大量前人的著作，从中获得了使用字母的想法。以前虽然也有一些人，如欧几里得、亚里士多德都曾用字母来代替特定的数，但他们的这种用法都不是经常性的、系统的。而韦达是第一个有意识、系统地使用字母的人。他不仅用字母表示未知量和未知量的乘幂，而且还用来表示一般的系数。通常他用辅音字母表示已知量，用元音字母表示未知量。他使用过我们现在的"＋"号和"－"号，但没有"＝"、"×"，相反却是用文字来说明"等于"、"相乘"。这样，他就把 $5BA^2-2CA+A^3=D$ 写成了

$B5inAquad-Cplano2inA+Acub\ aequtur\ D\ solido.$

韦达把自己的这些想法都写进了名著《分析术引论》中，从而精简了使用符号的数量，大大减轻了读者的迷惑。不过，他不用新的字母来表示一个量的逐次幂（平方、立方等），而是给这量添加上 quadratus（平方）和 cubus（立方）这样的词，也给读者带来了一些烦琐。

通过自己的改进，韦达看到了代数学自身那顽强的生命力和广阔的发展远景，认为它最终必将独立于几何学而自成体系。除了代数学，韦达在三角学、方程理论方面都做了很多工作。他提出了四个定理，清楚地说明了方程的根与其各项系数之间的关系，这就是今天我们所熟悉的韦达定理，成为方程论发展中的一个重要里程碑。

韦达被公认为是当时法国最有才华的数学家，而他希望自己成为古代数学的保存者、发掘者和继承者。而且，为了使自己的思想和学说能够为更多的人所了解、所接受，韦达还自己出资印刷和发行他的著作。一位 16 世纪的学者能够有这样的见识和行动，确实是难能可贵的。

作为一位数学家，韦达不仅仅是用文字和符号来阐述自己的思想，而且还用实际行动来向祖国贡献自己的才华。在法国和西班牙战争期间，韦达积极地投身于战争。一次，法军截获了一份西班牙的数百字的密码，可是，军中无人能解。韦达听说此事后，便主动承担了破译密码的任务。终于，他成功了，从而使法国只用两年时间就打败了西班牙。西班牙国王不明原由，向教皇控告说法国在对付自己的敌人时使用了魔术。

早在 400 年前，韦达就展望未来，预言将出现一种用符号代替数

量进行运算的演绎科学。历史的发展正如韦达所料，今天，来自几何、物理或商业中的问题都可用代数来进行处理，代数既是一门专门的学科，也是一个方便而有效的工具，它使世界变得简捷而清晰了。

400 年前的对数表

　　文艺复兴时期，欧洲的科学技术得到了解放，天文、测绘、航海等事业发展异常迅猛。但是，有一个问题使科学家们大为头疼，就是数字庞大的乘、除、乘方、开方等运算十分繁杂，不少人把大量宝贵的时间和精力都花在了这上面。怎样才能简化计算手续，把科学家从复杂的运算中解放出来呢？这成了当时一个迫切需要解决的问题。由于这种客观需要的推动，耐普尔成了对数的发明者。

　　约翰·耐普尔（J. Napier，1550～1617）是苏格兰贵族，他多才多艺，对天文学、机械学和神学都有研究，特别精通数学计算，还对球面三角学做出过一些贡献。用来作乘除法速算的"耐普尔算筹"被誉为计算机的萌芽。

　　早在 2200 多年前，人们就孕育着对数的思想。阿基米德曾研究过下面的两个数列

$$1、10、10^2、10^3、10^4、10^5、\cdots\cdots$$
$$0、1、2、3、4、5、\cdots\cdots$$

他发现幂的运算与指数运算之间的联系，如 $10^3 \times 10^4 = 10^{3+4}$，从而可以把乘除法转化为加减法来做，使运算大大简化，但他没有完成造表的任务。

　　1544 年，一位德国牧师比较了两列数

$$1、2、4、8、16、32、64、128、256、512、1024、2048、\cdots\cdots$$

0、1、2、3、4、5、6、7、8、9、10、11、……

他发现了第二列数与第一列数对应的数之间的关系。但他并没有按照这个线索进一步制出对数表，相反却认为这个问题太狭窄，不值得研究。

耐普尔大约从 40 岁（1590 年）开始研究对数。当时欧洲代数学还十分落后，连"指数"、"底数"这些概念都还没有建立。可是，在耐普尔的刻苦钻研下，却首先发明了对数。对数的出现竟然比指数还早，这不能不说是数学史上的一大奇迹。

那么，在没有指数概念的情况下，耐普尔是怎样想出对数来的呢？他考察一点 P 沿一条直线如 AB（长度为 10^7 单位）减速运动，其速度在每一点 P_1 上正比于剩余距离 P_1B，而另一点 Q_1 假定沿着一条无限直线 CD 匀速运动，速度等于第一个点在 A 处的速度（如图）。假设这两个点同时从 A、C 出发，那么 P_1B 所量度的数的对数被定义为 CQ_1 所量度的对数。

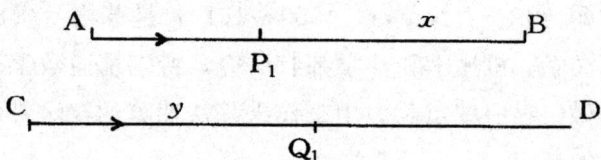

A ▸————————————|—————————— x ——————— B
P_1

C ▸———— y ————————|———————————————— D
Q_1

耐普尔的对数概念

在没有任何今天的对数级数的情况下，耐普尔不得不这样来求他所需要的每个对数的近似值：计算它必定处于其内的某些极限的值。为此，他利用两个公式和专门编制的辅助表，这样就可通过内插而得出所要求的数。

耐普尔对数的概念，如果改用现代语言来叙述就明白得多了。因为 P_1 的速度与 x 成正比，所以 $\dfrac{dx}{dt} = -kx$（k 为比例常数，负号表示减数）。又因为 Q_1 做匀速运动，其初速度等于 P_1 在 A 的初速 ka，所

以 $\dfrac{dy}{dt}=ka$（a 就是 AB 的长度），因而 $\dfrac{dy}{dx}=\dfrac{dy/dt}{dx/dt}=\dfrac{ka}{-kx}=-\dfrac{a}{x}$。为了简单起见，设 $a=1$（单位长），则 $\dfrac{dy}{dx}=-\dfrac{1}{x}$。再对此求积分，我们就得到 $\log_{e}x=-y$ 或 $\log_{\frac{1}{e}}x=y$。

e 就是自然对数的底。从以上结果看，耐普尔对数实际上就是以 $\dfrac{1}{e}$ 为底的对数，耐普尔完全不用现代数学术语，而用一般口语直观地加以描述，得出了"对数"的定义。1614 年，耐普尔的对数大作《论对数的奇迹》一书在爱丁堡出版。这本书是大约有 200 页的 8 位对数表，花了他将近 20 年的心血，书出版时耐普尔已经 64 岁了，3 年后他就离开了人世。

耐普尔生前常说："我总是尽我的一切力量，来减轻人们繁重而单调的计算。这种令人厌烦的计算，往往吓倒了许多学习数学的人。"为了减轻别人计算的繁难，他自己却在繁难的计算中度过了最后的 20 年！

耐普尔发明了对数，并没有立刻引起科学界的重视，却震惊了伦敦的一位数学家亨利·布里格斯（H. Briggs，1561～1630），他一眼就看出了耐普尔工作的重要意义。1616 年夏天，布里格斯乘坐马车日夜兼程，专门到爱丁堡登门拜访。为探索真理，为共同事业，布里格斯与耐普尔结为了终生知己。耐普尔讲述了自己发明对数的经过和详细计算方法，而布里格斯则根据自己在大学里讲授对数的经验提出了修改意见。遗憾的是第二年耐普尔就去世了，他尚未完成的宏伟事业就由 56 岁的布里格斯继承下来。

布里格斯是一位深受大家喜爱、具有事业心的教授，他对耐普尔工作的发展和迅速传播作出了很多贡献，他把耐普尔对数改进成了以 10 为底的常用对数，并在 1624 年出版了《对数算术》一书，给出了 30000 个数的常用对数，直到小数 14 位。这就是世界上的第一个常用对数表。但是，他还没有来得及完成全部工作就逝世了。荷兰数学家艾德里安·弗拉克（1600~1667）在1628年作了增补，这才使对数表包括了从1到100000的一切数。

对数表现已逐渐被计算器、计算机这些更为先进的工具所取代，但对数的发明在历史上的功绩是永远不会磨灭的。18世纪法国数学家拉普拉斯曾评价过对数的伟大意义："对数的发表，等于将科学家的寿命延长了两倍！"

测量酒桶体积的新科学

在很多同学的想象中，科学家一定都是具有远见卓识、非同寻常的人，因而才做出了非同寻常的伟大业绩。可你是否想到，不少大科学家正是因为他们对周围任何平常事物都留心看、用脑想，才得以在平凡之中做出不平凡事来。

伟大的天文学家开普勒，就是在买酒时得到一点启示，而成了一位微积分学的先驱。

我们在《天文学篇》中已经讲过，开普勒的一生除了病痛折磨，在生活上也受到种种挫折，第一个妻子和几个孩子都先后因病死去。后来，他又娶了一位贫家妇女。结婚时，为了给邀请来的亲朋好友们准备饮料，他特意去酒店里买几桶酒。酒商拿出器具给他量酒，开普勒就等在一旁耐心地看着。酒商把一根量杆从桶口伸入底部，以此来确定酒桶的容量。这时，等在一旁的开普勒却若有所思，他注意到酒商所用的方法很不精确，因为这样做没有考虑桶的弯曲情况。可是，究竟怎样做才能精确地估算出酒桶的容积呢？开普勒一时不得其解。

酒是买回来了，开普勒同时还带回来了一个值得研究的问题。他想，如果把桶的纵剖面绕它中间的轴旋转，就可以得到一个与桶有相同容积的形体。于是他打算把这样的旋转体分割成无数个基元，然后再把它们总加起来。比如把圆面积看成无穷多个三角形面积之和，而每个三角形的顶点在圆心上，底在圆周上；球的体积同样是无数小圆

开普勒买酒

锥的体积之和，这些圆锥的顶点在球心上，底在球面上；而圆锥则是
无数个非常薄的圆盘之和。

就这样开普勒写出了数学著作《测量酒桶体积的新科学》，系统地
论述了求旋转体体积的方法，还实际计算了 90 多种旋转体，其中有许
多图形是圆锥直线绕直径、弦或切线、或者是外直线等轴旋转而产生
的，他用水果来命名这样的形体。下页图示就是一个由大于半圆的弓
形绕其弦旋转而产生的"苹果"。

虽然书中没有明确提出无穷小这一术语，但全书的精华却是以几
何方法为基础来计算无穷小的和。开普勒的无穷小概念是前人一般都
回避的东西，但使他成为奠定积分学思想的学者之一，17 世纪研究球

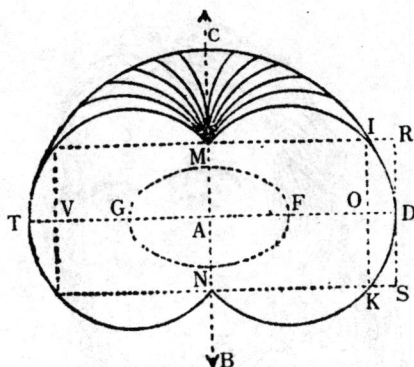

开普勒的"苹果"

面积、体积、重心、弧长的工作正是从他这里开始的。

正如同学们所知，微积分真正是在艾萨克·牛顿（I. Newton, 1642～1727）和莱布尼兹（G. W. Leibniz, 1646～1716）的手中诞生起来的，但这不等于就要否认微积分的思想渊源流长。在这门萌芽于酒桶体积的新科学的形成史上，不单单是开普勒，还有很多的数学家为之作出了巨大的贡献，有伽利略的意大利学生卡瓦列利、反对开普勒和卡瓦列利的居尔迪努斯、帕斯卡、牛顿的挚友沃利斯、牛顿的老师巴罗，等等。科学就是这样在前人工作的基础上由后人不断地发展、完善着。17 世纪初微积分学的这些先驱者们已使这门新学科的基础基本具备了。在莱布尼兹发明微积分时曾这样说："在这样的科学之后，所缺少的只是引出问题的迷宫的一条线，即依照代数样式的解析计算法。"这位发明者坦率地承认自己是在前人的基础上获得了成功。

讲到 17 世纪初微积分的起源，还必须提一提巴罗让贤这件事。巴罗不仅是一位功绩赫赫的微积分学先驱者，而且还是一位知人善任的好老师。当一经发现年轻学生牛顿的才华之后，巴罗立即把自己在剑桥大学路卡斯数学讲座的教授职位让给了牛顿。而当时牛顿年仅 26 岁，尚未发表过什么著作，也并未受到数学界的注意，但这个职位为牛顿提供了一个用武之地，使他的才能得到最大程度的发挥。同时，

牛顿

巴罗还特许牛顿到自己的私人图书室里去阅读那些在公共图书馆里都属少见的最新文献,为牛顿后来的发明打下了良好的基础。

类似巴罗让贤的故事在科学史上并不少见,这也是科学得以发展的一个必要保证。同学们不妨试想一想,如果每一位科学家都把自己的发明或发现深藏起来秘而不宣,如果每一位科学家都嫉贤妒能排斥异己,如果每一位科学家都否认前人的成就而从头做起,那么,科学是否还能够生存下来并以飞快的速度发展至今呢?

成就最大的业余数学家

皮埃尔·费马（P. de Fermat，1601～1665）是一位业余数学大师，古往今来，没有哪一个业余数学爱好者像费马那样，取得过那么多重要成果。

1601 年，费马出生在法国图卢兹城一个皮革商的家庭。他在大学时专攻法律，毕业后成了一名训练有素的律师。直到 1665 年去世，他一直都在图卢兹地方法院当律师。费马把他的主要精力都花在了公务上，而数学研究只占据他的余暇。费马对数学发生兴趣，是从 30 岁以后才开始的，说来也奇怪，一经开始便与数学结下了不解之缘。由于他善于提出问题，富有探索的天赋，在数学上不仅有非凡的造诣，而且还取得了辉煌的成就，在数学的很多分支中都有卓越的建树。

在笛卡儿的著作问世 10 年前，费马就已经尝试过把代数应用于几何学。实际上，他的著作比笛卡儿的《几何学》成书更早，但出版较晚，而且影响不如《几何学》大。后来，费马还就解析几何学的发明提出自己应享有发明的优先权，而不是笛卡儿。当时，在众说纷纭了一阵之后，这个优先权问题也就不了了之了。

费马和帕斯卡一道，又是概率论这个数学分支的创始人。一个年轻的赌徒曾向帕斯卡请教过这样一个问题：两个赌徒约定赌若干局，并且谁先赢 c 局便算赢家。若在一个赌徒赢 a 局（$a<c$），另一个赌徒赢 b 局（$b<c$），这时终止赌博，问应当如何分赌本？帕斯卡与费马通

费马

信商讨这个问题，他们共同建立了概率论的一个基本概念——数学期望。

甚至于在物理学方面，费马也得到过重要的结果，如费马最小光程原理。然而，最能显示费马杰出才能的，还是在数论方面，他被誉为"近代数论之父"。

可以这么说，现代算术是从费马开始的，他在希腊人使用过的意义上使用了"算术"这个术语，专指数的性质，而不是概指"计算"；并且给出了素数的近代定义，还得到过一些重要命题。然而，他最著名的定理，却是在他去世后才公布的、至今无人普遍证明的"费马大定理"。

费马一生发表的著作极少，他在数学上的种种发现大都记录在与朋友的通信中，或是随手批注在所阅读过的书籍的空白处。1621 年，费马在巴黎买到一本古希腊数学家丢番图所著的《算术》的拉丁文译本，他常常翻看这本书，同时，还用拉丁文在书页边和空白处加了不少批语。

1665 年，费马病逝后，留下了一大堆手稿和信札。1670 年，他的儿子在整理这些遗物时突然发现，在那本译书上，有一则大约 43 年前（即 1637 年前后）父亲留下的拉丁文批注，用现代的专业术语来解释这条批注，就是当 $n>2$ 时，不定方程 $x^n+y^n=z^n$ 不存在正整数解。那么，这个命题是否真的成立呢？费马没有继续写下任何证明。

费马生前留下的这段批文对人们产生了极大的吸引力。他的儿子翻箱倒柜，怀着强烈的愿望，想从遗稿中找出父亲关于这个论断的奇妙证明。可惜，他查遍了全部遗物，却毫无收获。于是，人们便把批文中所提出的这个命题称为"费马大定理"。因为这一命题是他生前所录而于死后公诸于世的，所以也称为"费马的最后定理"。

从费马去世到今天，300 多年过去了，费马大定理既无法证明，也无法否定，使得这个定理成了数学研究中最著名的难题之一。很多著名数学家如欧拉、高斯都仔细研究过它，有的人还为此献出了毕生的精力，然而，至今它仍是一座难以跨越的高峰。

1908 年，德国哥廷根学院悬赏 10 万金马克，向全世界征求解答，限期 100 年，现在已过去 80 多年了。费马大定理虽然没有最后解决，但 300 多年来，在解决这个数学难题的过程中，人们创造了不少新颖的数学方法，发展了数学的新分支。这比解决一个难题的意义更加重大。

不知最终解开这个百年之谜、征服这座数学高峰的人，是否会产生于今天阅读这个故事的同学们之中？

笛卡儿与解析几何

今天，当同学们在影剧院中按照票上的排位对号入座时，大概很少有人知道与此有关的"坐标"概念，曾经引起过数学史上的一场重大革命吧！

其实，在人类的发展史中，很早就出现过坐标的概念，我国最早用"井"字表示井周围的土地（以后才专门用来表示水井）；古希腊的托勒密曾讨论过球面上的经纬度，这些都是坐标概念的早期范例。以后出现的棋盘，也是一种坐标系统。有了坐标，便实现了平面的"算术化"，即平面上的一个点，只要用一对数 (x, y) 表示就行了，反过来也是一样。

笛卡儿（R. Descartes，1596～1650）的功绩在于他通过坐标的概念，把平面上的曲线同一个含有两个未知数的方程联系了起来，由此产生了一门用代数方法研究几何学的新学科——解析几何学。这是数学的一个转折点，也是变量数学发展的第一个决定性步骤。在近代史上，笛卡儿以资产阶级早期哲学家而闻名于世，被誉为一流的物理学家、近代生物学的奠基人和近代数学的开创者。

说起笛卡儿投身数学，那完全是出于一个偶然的机会。1596 年笛卡儿生于法国一个贵族之家，在豪华的生活中无忧无虑地度过了童年，上学时他一直很用功，是学校里有名的优等生。20 岁刚过，他投笔从戎，以志愿兵身份参加了荷兰军队，为的是借机游历欧洲，开阔

笛卡儿

眼界，亲自去阅读世界这部大书，而不仅仅是深闭书斋。

有一次部队开进了荷兰南部的一个小城市。一天，笛卡儿在街上散步，看见一群人围住路旁的一张招贴议论纷纷，他怀着好奇的心情也凑了上去。他不懂当地的文字，但从人们的议论中，他大致听出这是解数学难题的公开挑战。他有些兴奋，非常希望能了解题目的意思，于是就请求近旁一位陌生的中年人给他翻译。当中年人看到笛卡儿那巧妙而准确的解答后十分吃惊，认为眼前这个年轻的士兵是一块可塑之材。原来，这位中年人就是当时有名的数学家别克曼教授，笛卡儿很早就读过他的著作。从此，笛卡儿在别克曼教授的指导下开始了对数学的研究。

笛卡儿从小就养成了一种勤于思考的习惯。父亲见他颇有哲学家的气质，常戏谑地称他"小哲学家"。这种习惯多年未变，即使在炮声隆隆、杀声震天的战争中，他也能够待在司令部里全神贯注地思考他的哲学体系。而他思考问题的方式又与众不同，颇为奇特。他从不早起，通常要到中午才起床，喜欢躺在床上凝眸沉思。有时，朋友们来看望他，从早到晚络绎不绝，笛卡儿索性就在床上与他们寒暄应酬。

据他自己说，他发明的解析几何就是在枕头上思考出来的。

几何学是一门从古希腊时代就产生，并经过欧几里得总结的学科，在 2000 年来历代数学家们的不断完善之后，它就像一座雄伟的宫殿高耸在数学王国之中。而当时的代数，由于数学家们片面地强调"形式的美和协调性"，因而被法则和公式控制得死死的，人们往往只能在狭隘的天地里徘徊。而且，几何与代数是彼此独立的两个分支，互不相关。笛卡儿却主张让代数和几何中一切最好的东西互相取长补短，于是他开始寻找一种能联结代数和几何的新方法。

1619 年在军营中，笛卡儿开始用大部分时间来思考他在数学中的新想法：是不是可以用代数中的计算过程来代替几何中的证明呢？这就首先必须找到一座能连接几何和代数的桥梁——使几何图形数值化，从而能用计算的方法去解决。在那些日子里，笛卡儿的思维一直处于一种高度的兴奋状态。日有所思，夜有所梦，11 月 10 日晚上，笛卡儿躺在床上迷迷糊糊地进入了梦乡。这时，他仿佛看见窗前有一只黑色的苍蝇疾飞着，而眼前留下了苍蝇飞过的痕迹——一条条的斜线和各种形状的曲线。这些不正是他近来全力研究的直线和曲线吗？笛卡儿呆住了，一会儿苍蝇停住了，在眼前留下一个深深的小黑点……

笛卡儿从梦中醒来，刚才的梦境深深地印在了脑海里，使他难以入睡。终于，笛卡儿悟出了这里面的奥妙：苍蝇的位置不是可以由它到窗框两边的距离来确定吗？苍蝇疾飞留下的痕迹不正是说明直线和曲线都可以由点的运动而产生吗？笛卡儿兴奋极了，这成了他建立解析几何的重要线索。

笛卡儿用两条互相垂直并且相交于原点的数轴作为基准，将平面上的点的位置确定下来，这就是后来人们所说的笛卡儿坐标系，它把几何方法和代数方法统一了起来。这也就是现在称为解析几何的内容。解析几何的创立，成为数学发展中的一个转折点。

与笛卡儿同时代的数学家费马，对解析几何的奠基也做出了许多贡献。他对笛卡儿的著作提出了许多批评和建议，才使这门学科被越来越多的数学家所接受，并逐步完善起来。

由于在著作中宣扬科学，触犯了神权，因而笛卡儿也与伽利略、布鲁诺一样，受到过教会的野蛮迫害，著作被列为禁书。他死后，反动的教会对此默不作声，只有一家比利时的报纸刊载了此事，并讽刺地说："在瑞典死了一个疯子。"由于教会的阻止，在巴黎只有为数不多的人参加他的葬礼，并按照教会的禁令没有为他致悼词。可是，这位对科学做出了巨大贡献的人却受到了广大科学家和革命者的尊敬和怀念。法国大革命后，他的遗物被送进了法国历史博物馆，让世世代代的人们永远怀念这位近代数学的奠基人。

曲高和寡的射影几何学

在欧洲文艺复兴时期，因绘画而诞生的透视学蓬勃发展，这就为射影几何的成长准备了良好的条件。说到透视学，喜欢美术的同学也许知道一点，比如，两条铁轨本来是互相平行的，但通过透视，它们越到远处越是靠拢，最后在无穷远处相交于一点（见下图）。在射影几何里，两条平行直线在远处相交的点称为无穷远点，它的轨迹是一条无穷远直线。这与我们学过的欧氏几何是不相同的。

现在，我们再来谈谈什么是射影几何学。我们所学的欧氏几何，是一种传统的几何学，它的所有图形通过刚体变换（如平移、旋转等）

透视图

以后，线段的长短、角度的大小、图形的形状和面积等都不会改变。但是，在下图中，如果从中心 O 发出一个光线的投射锥，矩形 ABCD 在平面 P 上的截景是 A′B′C′D′，从直观上看，很容易看出 A′B′C′D′ 的大小和形状都与 ABCD 不同，它未必还是一个矩形。那么，图形 ABCD 与 A′B′C′D′ 通过这种射影变换后，还有没有什么共同的几何性质呢？射影几何就是一门研究图形在射影变换下有哪些不变性质的几何学。

好，我们还是言归正传，来讲讲射影几何学诞生的故事。

1539 年，在巴黎一些书店的架子上，突然摆出了一本薄薄的小册子，它总是形单影只地站在书架上，四周耸立着厚厚的美术、诗歌、神学、政治等大部头著作，越发衬托出这本小册子无人理睬的寂寞。

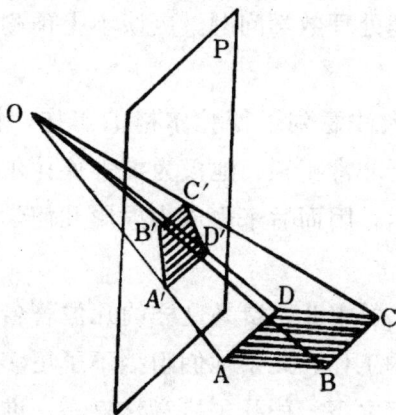

投影几何图解

原来，这是一本讲几何学的书，书名就叫《试论锥面截一平面所得结果的初稿》，作者名叫德扎尔格（G. Desargues，1591～1661），是巴黎一个数学家小组的成员。在这本书里，德扎尔格没有采用研究圆锥曲线的传统方法即欧氏几何学，而是认为所有的圆锥曲线都能从同一曲线发展而来，随着某些元素的变化，它可以是抛物线、椭圆或双曲线。中国有句古话，叫做"文如其人"，德扎尔格是一个自学成材的数学家，性格内向，他的著作也像他的人一样，复杂而又含混，而且许多结果都是不加证明或阐释而给出的，令人难以理解它们的来龙去脉。再加上他没有采用传统的欧氏几何方法而是有所创新，就更使保守的人们无法接受了。因而，这可以看作是射影几何的第一部著作，刚一出版就受到了不少人的抨击。

其实，德扎尔格的这本小册子是一本很有独创性的书，他提出了许多关于对合、调和变程、透射、极轴、极点以及透视的基本原理，这些课题都是今天学习射影几何这门课程的人所熟悉的，为几何学家提供了关于圆锥曲线性质的更简单、更巧妙的论证。然而，几乎与这本小册子同时出版的笛卡儿的《几何学》，却因坐标几何方法的建立而淹没了德扎尔格著作的功绩，甚至就连数学家们也不相信德扎尔格的方法可以用来很好地处理数学问题，更谈不上预测到它那无限宽广的发展前景。

也有少数几个人注意到了德扎尔格的工作，帕斯卡就是其中之一。当时，帕斯卡还非常年轻，他极为推崇德扎尔格的研究成果，并从中得到了许多启示，因而后来也成为射影几何学的奠基人之一，与德扎尔格齐名。

尽管像帕斯卡、笛卡儿、费马这样的几位著名数学家都非常欣赏并且尊重德扎尔格的工作，无奈他们阻挡不了更多的非一流数学家对他的激烈批评，一怒之下，德扎尔格竟然宣布：谁能在他的方法里找到一点错误，他愿付100个西班牙钱币；若是谁能提出更好的方法，他愿付1000个法郎。消息传开，满城皆惊，人们更是把他当成了一个神经不正常的人，一个疯子。一再碰壁，满腔抱负竟得不到施展，德扎尔格终于心灰意冷，于是退休回到了老家里昂，离开了那偌大的但却容不下他的巴黎城。

1662年，德扎尔格逝世，立刻他的人连同他的书就被人遗忘了，200年间再无人提起，甚至于他的著作都无处可以觅得。1845年一个很偶然的机会，在巴黎发现了他的手稿，并且法国数学家、近世几何奠基人彭赛列已经做了大量这方面的工作，德扎尔格才得到了完全承认，射影几何学也才得以复兴。而早已长眠于地下的德扎尔格，已是不可能知道这一切了。

350 年前就有了计算机

人类为了进行计算的需要，曾发明了各种各样的计算器具，原始的计算工具有石块、贝壳、小棍以至手指等，后来又有了各种数表，比如三角函数表、对数表等，还有算盘、计算尺，到现在，电子计算机在我们的学习和工作中都已是司空见惯了。可是，你知道最早的计算机是什么样的吗？

世界上第一台机械计算机诞生于 1642 年，它是法国著名数学家布莱斯·帕斯卡（B. Pascal，1623～1662）在 19 岁的时候发明的。这台计算机呈长方体形，是像钟表那样利用齿轮传动来实现进位。它的表面上有 6 个小圆盘，每个表示一位数字，计算时用小钥匙拨动圆盘就可进行计算。计算结果则在带数字小轮的另一个读数窗孔中显示出来，计算结束后还要逐个恢复到 0 位。

尽管这台计算机只能做加法，操作又如此繁琐，但在当时却是一个了不起的发明，它成了计算工具变革的新起点。10 年之后，帕斯卡又制造了一台有 8 个小圆盘的加法计算机。于是，这种机械计算机就在逐渐改进中被广泛应用起来，后来又有了减法计算机、乘除法计算机，成了近代不少国家主要的计算工具，对提高计算速度起了很大的作用。

直到今天，这台世界上最早的计算机仍被完好地保存在卢森堡宫中，还有很多人慕名而去，怀着强烈的好奇心和崇敬之情，去到那里一睹它的风采，缅怀它的发明者。

帕斯卡是一个有着非凡才能的人。童年时，他就显示出惊人的聪慧，还不到 13 岁就已精通了欧几里得的《几何原本》。16 岁时，他参加了巴黎数学家和物理学家小组（后改组为巴黎科学院）的学术活动。就在这时，他发表了题为《论圆锥曲线》的第一篇论文，提出了射影几何的一个重要定理，即圆锥曲线内接六边形，其三对对边的交点处在同一直线上，这个定理后来被称为帕斯卡定理，成为射影几何学上的基本定理之一。当时，法国一些著名的数学家也在进行这方面的研究工作，帕斯卡的论文发表后，使不少数学家为之瞠目，笛卡儿甚至怀疑这项工作是由老帕斯卡（即帕斯卡的父亲）所做。但事实终于使数学家们对这位 16 岁的少年另眼相看，从此帕斯卡扬名于数学界。

年轻的帕斯卡没有在赞扬和荣誉面前停步，他再接再厉，仍然坚持数学研究。31 岁时，又发表了《论算术三角形》的论文，提出了二项式系数的三角形排列方法，后来被称为"帕斯卡三角形"。

1651 年夏天，帕斯卡在旅行途中偶然遇到了梅累，这是一位经常进出于赌博场中的公子哥儿。为了消磨旅途的寂寞，他大谈"赌博经"，并且提出了一个十分有趣的分赌注问题，向帕斯卡求教。

原来，一次梅累和赌友掷骰子，各押赌注 32 个金币。梅累如果先掷出三次 6 点，或者赌友先掷出三次 4 点，就算赢了对方。赌博进行了一段时间，梅累已经两次掷出 6 点，赌友已一次掷出 4 点。这时梅累接到通知，要他马上去陪同国王接见外宾，赌博只好中断。可是，两个人应该怎样分这 64 个金币才算合理呢？

赌友说，他要再碰上两次 4 点，或梅累要再碰上一次 6 点就算赢，所以他有权分得梅累的一半，即梅累分 64 个金币的 $\frac{2}{3}$，自己分 64 个金币的 $\frac{1}{3}$。梅累争辩说，不对，即使下一次赌友掷出了 4 点，他还可

以得 $\frac{1}{2}$，即 32 个金币；再加上下一次他还有一半希望得到 16 个金币，所以他应该分得 64 个金币的 $\frac{3}{4}$，赌友只能分得 $\frac{1}{4}$。两人到底谁对呢？

尽管帕斯卡是有名的"神童"数学家，可这个分赌注的问题还是把他给难住了。他苦苦思索，不得要领，一直想了 3 年，才算有一点眉目，于是写信给好朋友费马，两人展开了热烈的讨论。这时有位名叫惠更斯（Ch. Huygens，1629～1695）的荷兰数学家，听说后也参加了他们的讨论，然后写出了概率论的最早一部著作。这就是概率论的诞生，是帕斯卡与费马、惠更斯共同建立了概率论和组合论的基础。

帕斯卡不仅是一位天才的数学家，同时也是一位出色的物理学家，他研究过流体静力学和大气压强，发表过著名的关于液体压强的传递定律——帕斯卡定律。他在科学上的成就差不多都是在青年时代取得的，30 岁以后，他的健康状况越来越差，这使得他无法保证以足够的精力来从事科学研究，另外，这时他的兴趣转向了神学，得出了信仰高于一切的结论。

帕斯卡在文学上也极有造诣，他的散文优美流畅，对法国的文学颇有影响。然而，这样一位早年成名、具有多方面贡献的伟大科学家却过早地衰弱了，由于长期艰辛工作，使得他疾病不断，只活了 39 个春秋。本该年富力强、贡献更多时却与世长辞，不能不说这是科学史上一个莫大的遗憾！1962 年，世界和平理事会曾推荐帕斯卡为世界文化名人，帕斯卡连同以他命名的所有科学定理一起将流芳百世。

物理篇

油灯的启示

1583 年，在意大利比萨城的大教堂里，18 岁的伽利略正跪着做礼拜，大厅里一片寂静。这时，教堂里的一个工友刚注满一盏从教堂顶悬挂下来的油灯。由于受到了力的作用，注满的油灯漫不经心地在空中摆动，摆动着的挂灯链条的嘀嗒声惊扰了伽利略的祈祷，引起了一连串的与他的祷告越来越远的思考。

他注意到，虽然每次的摆幅总比前一次的要短，但每次摆动似乎都占据同样长短的时间。伽利略被他的发现弄得兴奋异常，回到家后又找来绳子和铅块继续进行试验。在绳的顶端拴上铅块，让铅块来回摆动。当时，还没有真正精确的表，伽利略就用自己脉博有规律的跳动来计算摆动着的铅块的运动时间。他右手按着左手的脉博，心里默默地计着数，一直到铅块停止摆动。

他发现，虽然摆动的弧线渐渐地越来越短，但每次摆动却占据同样长短的时间；而且，绳子长，摆动一次所需的时间长；绳子短，摆动一次所需的时间短；绳子长度固定，则摆动一次所需时间相等。

就这样，在教堂里油灯的摆动中，年轻的伽利略发现了"摆的等时性定律"。别的科学家在以后的实验中发现，由于摩擦或空气阻力，每次摆动所占据的时间实际上比前一次要稍微少一点。尽管如此，伽利略的振摆原理还是被应用于许多方面，例如测量星体的运动、控制钟表的计时等。他对振摆的研究成为研究运动和力的规律的现代力学

教堂天花板上的灯

的起点。

　　摆的等时性定律是伽利略的第一项发明，他还制作了一个可以用来测量脉搏跳动速度和均一性的仪器，送给了比萨大学的老师和同学，受到了他们的欢迎。根据摆的等时性原理，他又设想出时钟，并且画出图样，还写了一份详细报告，但由于后来被新的发现所吸引，这个设想未能实现。他死后荷兰物理学家惠更斯根据他的报告制造了世界上第一座有摆时钟。人们没有忘记伽利略的功绩，把这种有摆时钟称为"伽利略钟"。

　　伽利略爱独立思考，甚至当他还是一个孩子的时候，就拒绝信赖旁人的权威。他把每一事物都放在自己的感官和思索的考查之下，常用自己的观察、实验来检验教授们讲授的教条。25 岁时，伽利略被母校比萨大学聘为数学教授，但他在这里任教的时间很短，只有两年就被解聘了，原因是他作出了一生中第二个伟大的发现——这个发现粉碎了两千年来的传统观念，但也给他招来了打击。

那时，多数所谓的科学知识都是以古希腊哲学家亚里士多德的古老理论为基础的。他被视为一切科学思想的大师。不论是谁，只要对亚里士多德的许多法则中的随便哪一条表示异议，就会遭人白眼。

亚里士多德曾经说过，重物体的落地速度快于轻物体，例如 10 磅重的物体，降落速度就要比一磅重的物体快 10 倍。这个论点表面上看是对的，二千年来谁也没有怀疑过，比萨大学的教授们也是这样教学生的。但是，伽利略对这个权威的论点却产生了怀疑。

伽利略经过认真研究和实验后，得出了相反的结论：物体降落的速度与重量无关。他认为轻重不同的物体，在排除外界干扰（如空气阻力、风力等）的情况下，应该同时落地。他的这一发现不但不为人们所理睬，反而遭到讥讽与打击，说他狂妄，目无圣人。于是，为了使论敌信服，伽利略决定当众实验，演示自己的理论。

伽利略选择了有名的比萨斜塔作为公开实验的场所，他公布了实验的时间，还专门给一些知名教授发了请帖。这一天，云淡风轻，阳光灿烂，斜塔周围挤满了人。伽利略把自己带来的两个铁球当众称了重量，一个重百磅，一个重一磅。他告诉参观的人们："我要在斜塔顶上同时放下这两个铁球，它们一定会同时落到地面。请你们仔细看吧！"

应邀前来参观的人都是亚里士多德的崇拜者，对亚里士多德的理论深信不疑，哪里会相信伽利略的这一套。他们兴高采烈地准备看伽利略出洋相，对他的人品宣判死刑，所以，当伽利略一步一步爬上斜塔时，大家都嘘他。时间到了，伽利略俯身栏外，把两个球同时放下去。人群中先是一阵嘲弄的哄笑——然后却是大吃一惊的窃窃私语：难以相信的事情真的发生了！两个铁球，同时从塔顶下落，同时越过空中，同时落到地上。

事实就这样无情地证明了亚里士多德的说法是错误的，因此使统治人们思想几乎长达2000年之久的亚里士多德的学说，第一次在意大利发生了动摇。这个实验结果在观众中引起了极大的骚动。那些死抱住亚里士多德教条的比萨大学教授们，否认他们所看见的一切。他们竟恼羞成怒，群起攻击伽利略，并在1591年把他赶出了比萨大学。

伽利略在比萨斜塔上做抛铁球实验

　　幸好有几位朋友帮忙，1592年，伽利略当上了意大利帕多瓦大学的教授。在那里，他能够不受折磨也不受批判地继续做实验。在帕多瓦任教的岁月里，伽利略提出了数量相当可观的新科学理论和发明，前面"天文篇"中所讲到的天文望远镜就是其中最重要的一项。

　　伽利略用事实表明了，真正的科学家必须验证每一条法则，而不能人云即信。两千年来，人们一直相信亚里士多德的有关落体的理论，但直到伽利略出现之前，却从来没有人验证过那条理论。这正是著名的斜塔实验所给予我们的启示。

从航海罗盘到近代磁科学

作为一个中国人，同学们对我们伟大祖国数千年的文明史一定都非常熟悉。而讲到我国古代闻名于世的四大发明，同学们肯定更是如数家珍一般。但如果要问，四大发明之一的指南针，在文艺复兴时如何促进了近代科学的诞生，同学们知道的恐怕就不多了。好，下面，我们就来讲一讲 16、17 世纪时，在欧洲指南针是怎样刺激了近代磁科学领域兴起的故事。

直到 12 世纪，欧洲文献里才开始提到航海罗盘这种新的导航仪器。不过，这种与指南针属同一性质的东西到底是阿拉伯人或欧洲水手从东方引进的，还是独立发现的，至今仍难于肯定。但是，它一经应用，便大显威力，深受航海探险家们的欢迎。从 13 世纪起，罗盘上的指针越来越多地引起了人们的兴趣，许多人纷纷猜测它指向大熊星座、北极星、某座神秘的山，如此等等，不一而足。

15 世纪时已经发现了磁针所指示的北极与实际北极有偏差，因而认为这是一种有规律的反应，可用来测定经度。然而，在海上漂泊了20 年、经验极其丰富的领航员诺曼（R. Norman，活跃时期约在 16 世纪下半叶）却认为这种偏差理论是错误的，磁针在指向北极的同时还有规律地向下倾斜，他把这种现象称为"下倾"。诺曼不得不在罗盘的南端放一些小铁片，消除北端的下倾，以达到平衡。他以为这样就能消除磁针的下倾现象。然而有一天，当这位杰出的罗盘制造家装配好

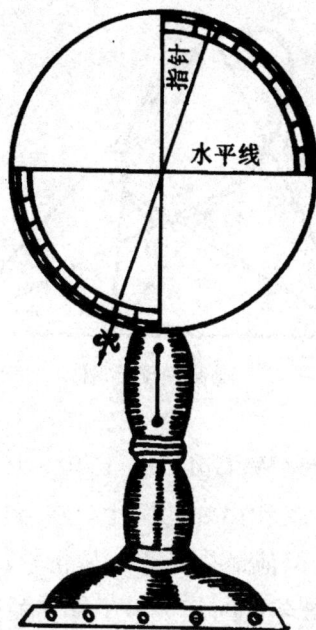

指针

水平线

一套精心制成的磁场和转轴后，他发现磁针倾斜得特别厉害。于是他开始把磁针指北的一端切短，可是到最后，越切越短，以至于毁坏了他苦心制作的磁针，气恼之下，诺曼决心全力以赴，研究这种效应。

功夫不负有心人，1576年诺曼终于制成了一种磁倾针，并测量了磁倾面，得出其值为 $71°50'$。诺曼认为磁倾角可能与测量位置的纬度成比例，因而可利用这种比例关系设计一种测量仪器。结果他发明了把磁针装在水平转轴上沿垂直刻度盘转动的磁倾角测定圆。

发现了磁倾角，接着诺曼又致力于研究是什么原因引起了这种倾斜效应。沿着这个思路，他精心设计各种实验，最终证明有磁场存在：如果能用一种方法看见磁力特性的话，它一定是围绕磁石的一个相当大的球形体，其死点在磁石的中心，也是这种特性的中心。

诺曼利用力场的发现来解释说明了地磁的问题，但他在1600年逝世，没能把自己的研究进行下去。而恰恰正是在这一年，英国出版了一本题为《论磁》的书，一位伊丽莎白一世的御医大大发展了诺曼的

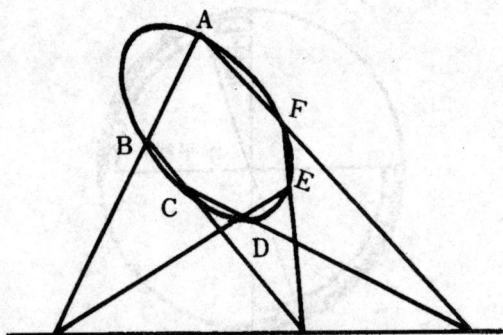

磁倾角测定图

发明和发现。

威廉姆·吉尔伯特（W. Gilbert，1540～1603），这位在欧洲大陆以及英国都具有很大成就和声誉的医生，在行医治病的同时，对其他自然科学也很有兴趣。但他最初研究的是化学，40 岁时兴趣才转移到磁学方面来。他花了 18 年的时间，做了许多关于磁的实验，把自己多年来的研究成果写入了《论磁》中。当时，在欧洲流传着关于天然磁石具有一些所谓的神奇性质和医疗效果的荒诞传说，胡说什么一块天然磁石触到大蒜就会失去效能，而当浸入山羊血中时便能立即恢复其效，等等。吉尔伯特在书中首先驳斥了这些谣传。《论磁》一出版，就立即引起了同时代许多科学家的重视，就连一贯不大理会别人著作的伽利略，也详尽探讨了吉尔伯特的著作，说它"伟大到了令人妒嫉的程度"。

吉尔伯特认为地球本身就是一个大磁石。他用装在大磁石上的小磁场的位置，来推断磁针在北极和南极应该与地面成垂直状态，而且地球北端的磁倾角比伦敦大。果然，1608 年赫特森在美洲北极地区探险航行时证实了这个猜测。

吉尔伯特对"地球即磁石"的认识，是通过著名的"小地球实验"来完成的。他受前人实验的启发，把一大块天然磁石加工成球形，用小铁丝制成可以自由转动的小磁针放在磁球表面附近进行观察。他发现这个小磁针的行为与指南针放在地球上的行为完全一样。他用粉笔沿着小磁针排列的方向画出了许多磁子午线，结果发现它们与地球上的经线很相似，他就把这些磁子午线在磁球上的两个汇交点称为"磁极"。在吉尔伯特之前，人们对于磁针指向南北现象的解释，大多带有迷信色彩，而现在根据吉尔伯特的实验和理论，磁针为什么指向南北

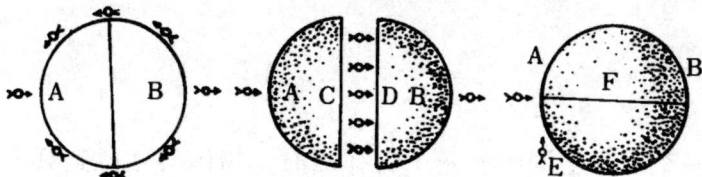

"小地球实验"示意图

就是显而易见的了。

由于在磁学方面的开创性贡献，吉尔伯特被誉为"磁的哲学之父"。而实际上，除了对磁的认识，他还用一系列的实验对电现象进行了研究，提出了电的概念，并制作了世界上第一个实验用的验电器，用来检测物体是否带电。因此也可以这么说，对电进行系统的实验和理论研究，正是从吉尔伯特开始的。

作为文艺复兴时期的两位磁学学者，诺曼和吉尔伯特都是很了不起的，作出了一系列的成就。在吉尔伯特之后的整个 17 世纪中，对磁的研究再没有取得多大进展，他们不愧为磁学研究的奠基人。

读完这个故事，一些爱思考的同学也许会问：我国古代远在欧洲数百年之前就发明了指南针，可磁学为什么没有诞生于我国，而是根植于欧洲的土地？这个问题可不是一两句话能回答得清楚的。有兴趣的同学不妨找几本科技史书来读一读，从那里你可以找到一个比较好的答案，并且找到激励自己更加勤奋学习的动力。

链子说明了什么

在一个质点上同时有两个力作用时，物体会被拉到哪个方向去呢？横渡河流的船，含有哪个方向的速度呢？学习过力学的同学马上就可以回答：这可以用平行四边形的方法来解。的确，用平行四边形法则来分析任何一种受力情况，都是准确而且便捷的。可是，有哪位同学知道这个法则是在什么时候、由谁、怎样发明的吗？

1586 年，荷兰的一位物理学家席蒙·斯蒂文（S. Stevin，1548～1620）在自家的门上画了一幅奇怪的画，上边写着："这里有点奇怪，但是也并没有什么可奇怪的！"后来就出版了一本写有这么一句有趣的话的书，书名叫《数学的假设》，是用拉丁文写的。其实，开始时斯蒂文是用荷兰文写这本书的，后来才被翻译成了当时通用的学术用语拉丁文。

原来，门上的图画是由 14 个小球连结起来的，悬挂成三角形。有小球的两边，长边 BC 与短边 AC 之比为 2∶1，小球的数量也是 4∶2＝2∶1。在这种情况下，当珠状小球运动起来时，因为没有任何阻碍运动的东西，就会变成永久运动了。但斯蒂文以为这是不可能的。如果停下来的话，把悬挂着的 8 个小球去掉，肯定会有影响。所以在同一高度的斜面上，重量的作用与斜面的长度是成反比例的，即使再增加一些小球的重量，使之成为链子，也是同样的。

这样，斯蒂文就至少在两力互成直角的情况下，引进了力的三角

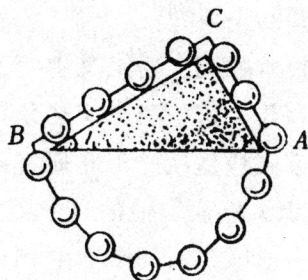

斯蒂文的链子

形或平行四边形法则，或者称力的分解原理的初步思想。他不是证明而是直觉地领悟到这些结果的真实性，然而，就连斯蒂文本人也对自己的研究结果感到很惊讶，以至于他惊叹："这里有点奇怪，但是也并没有什么可奇怪的！"

斯蒂文与伽利略差不多是同时代人，但他们的研究是各自独立进行的。然而，他们所取得的结果却令人惊讶地相互补充，一起基本上构成了近代力学的基础。斯蒂文是从力的平衡问题着手研究力的平行四边形的，这位荷兰工程师之所以善于做出巧妙的说明，是由于他早就把各种复杂的力的关系深深地刻在脑海里了。

斯蒂文是一位物理学家，同时也是一位出色的数学家，他对算术做出了一个对日常生活和科学都很有价值的贡献，那就是他在 1585 年建议使用一种 10 进小数的记法，认为这比惯常的 60 进小数好。他还要求政府采用 10 进制的币制和度量衡，不过，他这个宿愿却是在 200 年后才由法国革命者首先得以实现。

斯蒂文还设计过筑堤工程和带棚的汽车，显示出他卓越的技术才能。他反对崇拜权威，非常重视实验和科学的实践应用。早在 1586 年，他就与一位朋友一同做过落体实验。他们拿了两个铅球，一个比另一个重 10 倍，然后把它们同时从离开一块板 30 英尺高的地方坠落，结果发现，它们似乎同时到达这块板。很可能斯蒂文的这个落体实验还是伽利略比萨斜塔实验的先声哩！

斯蒂文当过公爵的技术顾问，后来又担任了荷兰的军需长。他一直都是用荷兰文来进行写作，这位科学家热爱自己的祖国，他要向全世界的人们证明荷兰文字同样适用于科学研究，并且更利于使各阶层的人们都能掌握科学知识。然而，他的这个美好愿望却没有被理解、被接受。他提出平行四边形思想的著作早在1586年就用荷兰文写成并且问世了，但却没有得到普遍的理解，懂荷兰文的人可以阅读它，但更多的不是荷兰人的外国学者却无法阅读。直到1608年以后，斯蒂文的著作被译成拉丁文收集在《数学著作选》中，才得到了传播。

其实，像斯蒂文那样把力分解成互相垂直的方向来研究，早在13世纪就有人进行过，但直到斯蒂文，才算是对力的合成、分解和平行四边形达到了新的认识，他是文艺复兴以后第一个认真研究力学的人。他所得出的力的平行四边形定律，成为近代力学发展过程中的一块不朽的丰碑。

真空鼻祖

1630 年，一个机械师去请教大物理学家伽利略："为什么虹吸管在跨越了比较高的山坡后竟不能工作？为什么抽水机不能把超过 10 米深的矿坑中的水抽上来？空气是否有重量？真空是否存在？"面对这一系列问题，当时伽利略没能给出满意的解答。

然而，10 年之后，伽利略的学生、年轻的物理学家伊万杰利斯塔·托里拆利（E. Torricelli，1608～1647）用无法反驳的实验证实了真空的存在，也同时证明了空气的确有重量。今天，同学们都很熟悉利用水银柱高度测量大气压强的实验，就是托里拆利的一个重要贡献。

早在古希腊时，亚里士多德就极力否认真空的存在，伽利略也曾怀疑过。而且他由于年迈体衰和遭受宗教迫害，已经没有能力深入探讨这一课题。托里拆利总结了前人的理论和实验，从 1643 年起就先后采用了多种液体，设计了多种实验方式，海水、蜂蜜、水银等都是他选用的对象。

在所有的工作中，水银实验具有决定性的意义，取得了最成功的结果。他在助手维维安尼（1622～1703）的帮助下，把一根长 1 米、装满水银的玻璃管一端封闭，开口端插入水银槽中，发现无论玻璃管长度如何，也不管玻璃管的倾斜程度如何，管内水银柱的垂直长度总是 76 厘米。后来，人们称这一实验为"托里拆利实验"，完成实验的玻璃管称为"托里拆利管"。

在当时，制造一根长 1 米能承受住水银重量的玻璃管并不是件轻而易举的事。托里拆利听说法国有一家很好的玻璃工厂，于是他托朋友定做了一根带回意大利来做实验。实验结果，水银柱上端玻璃管内显然是真空的（实际上有少量水银蒸汽存在），因而被称为"托里拆利真空"，这是世界上第一次用人工获得的真空状态。托里拆利根据这个实验得出结论：空气具有重量，空气重量所造成的压力与管内水银柱的高度所造成的压力相等，才使水银柱具有一个确定高度。

真空的发现给了亚里士多德的力学以致命一击，托里拆利因此被誉为"真空鼻祖"。可是，还是有一些人妄图否认托里拆利的工作，他们竟毫无根据地推测："托里拆利管的上部分空间，充满了一种纯净的空气，它们是通过玻璃管的微孔进入其中的。"也有人对空气有重量表示怀疑。一时间，各持己见，众说纷纭。不过时隔不久，帕斯卡的工作支持和证实了托里拆利的理论——是空气的压强支持了水银柱。

托里拆利根据自己的实验，提出可以利用水银柱高度来测量大气压。终于，在 1644 年 6 月，他与维维安尼合作，最先发明了水银气压计，并且还用它发现了大气压力随空气温度的变化而变化。

托里拆利生于 1608 年，1647 年逝世，虽然只活了 39 岁，可他短短的一生却在多方面获得杰出的成就。作为伽利略的学生，他在力学、流体力学、光学和数学等领域都继承了伽利略的事业。他的科学活动主要是在 1641 年以后进行的，仅仅在五六年的时间做出了那么多的贡献，这简直是一个奇迹，与他一贯的勤奋好学作风是分不开的。

托里拆利出身于意大利北部的一个富裕贵族家庭，从小在家里就受到了良好的数学教育。他 20 岁时到了罗马，在著名数学家卡斯德利（1578～1643）的指导下攻读。这位导师对他的影响很大，决定了以后托里拆利的科学研究方向。

卡斯德利曾是伽利略的同事，也是伽利略的亲密朋友，他始终不遗余力地在学生中传播伽利略学说。卡斯德利很早就发现了托里拆利的才华，他想让自己的学生做伽利略的继承人。然而当时伽利略正在宗教裁判所的严密监视之下，他们千方百计地隔绝伽利略与外界的联系，因此托里拆利在好几年时间里一直没能见到伽利略，而他是多么渴望能与伽利略见面，听一听这位伟大学者的教诲！1641年秋天，他们终于见面了。而这时，伽利略已双目失明了，整天躺在病床上。托里拆利的到来，给他那寂寞的心灵带来了一点点安慰。

伽利略已预感到自己将不久于人世，于是，他请托里拆利用笔记下他的主要思想。这样，在伽利略生命的最后三个月中，托里拆利成了他的最后的学生。伽利略逝世后，托里拆利将这些记录进行了认真的整理，并且交给了出版商予以发表，圆满地完成了伽利略的嘱托。

后来，托里拆利又接替伽利略任佛罗伦斯学院的物理学和数学教授，并且还被委任为宫廷数学家。他以极大的热情继续着伽利略未完成的物理研究工作，成为伽利略科学事业的杰出继承人之一。

托里拆利气压计

托里拆利的一生虽然短暂，但他的名字却是永垂不朽的。在他的故乡，人们为他树立了一块巨大的纪念碑，以表示永久的怀念。

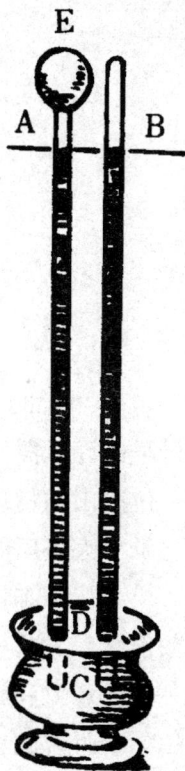

对压强的真正认识

　　17 世纪时，被誉为是"神童"数学家的帕斯卡，不仅仅是发明了最早的计算器，发现了"帕斯卡三角形"，创立了概率学，而且他还是一位杰出的物理学家，是他以自己不懈的努力和巧妙的实验，最先确立了对大气压的认识。

　　自从 1643 年，托里拆利用水银证实了大气压强的存在，并确定其数值之后，这事就被教会当做了秘密保守起来，不准传播。后来，是一位去意大利旅行的法国人把这个消息带回了法国。1646 年，23 岁的帕斯卡听说此事颇感惊讶，玻璃管内的水银上部是真空吗？是否有某种稀薄气体存在呢？于是，他在法国当时最好的一家玻璃工厂定做了长约 12 米的各种形状的玻璃管。由于没有高大的实验室，他就把这些玻璃管拿上船固定在桅杆上，用水和酒精多次重复了托里拆利的实验。

　　实验前，很多人认为酒精易挥发，在挥发气体作用下，它的液柱肯定要比水柱低。没想到实验结果却恰恰相反（因为酒精的密度比水的密度小）。一时间，成功的实验成了轰动巴黎的重大事件，从而证实了托里拆利的结论：管内出现的空间的确是真空，大气压力是普遍存在的。

　　从此，帕斯卡就集中精力来研究真空问题和流体静力学问题。他根据自己的实验，推论出如果空气重量不同，水银柱的高度、玻璃管上部的空白处的长度也应该不同。于是，他设想了一个在同一地区不同高度同时测定大气压的观察实验。

1648 年 9 月，帕斯卡委托自己的内弟把托里拆利气压计搬到克莱蒙附近的多姆山上去做实验。这座山大约高 1000 米，他的内弟皮埃尔搬着仪器每往山上爬一段路，就记录一次气压计中水银柱的高度。结果发现，当气压计越往上搬，水银柱高度就越低，这就说明大气压力是随高度的升高而减小。

第二天，皮埃尔又在克莱蒙最高的塔底下和塔顶重复了自己的观察，而帕斯卡则在巴黎的高层大厦上亲自做了这个实验。当皮埃尔的观察记录送到帕斯卡手里时，他兴奋不已：地面高了，而水银柱的高度却降低了，这完全证明了自己的推理是正确的。帕斯卡的这个发现在地学研究乃至今天的航空技术中都得到了广泛的运用。

1649 年初到 1651 年 3 月，帕斯卡又和皮埃尔一起详细测量了同一地点的大气压变化情况，成为利用气压计进行天气预报的先驱。后来他还想利用气压的变化来测定山的高度，但没有获得成功。直到 10 多年以后，才由另一位法国物理学家实现了他的愿望。

除了正确地认识大气压强，帕斯卡对液体的压强也做了很多深入的研究。我们今天所熟悉的"液体压强传递定律"，即帕斯卡定律就是在 1653 年首次提出、而直到 1663 年他死了一年之后才正式发表的。现在，我们所用的一切液压机械，都是帕斯卡定律的具体应用，有液压升降机、液压千斤顶、真空泵和空气压缩机等，它们广泛地应用在机械、造船、塑料、电子等工业和交通运输业之中。

帕斯卡还提出，装有液体的容器的器壁上，所承受的由于液体的重量而产生的压强，仅仅与深度有关。为此，他专门当众做了一次生动的实验。

他取来一个大木桶，先把它密封起来，再在盖子上开一个小孔，接上一根细长的管子。预先在桶里装了水。这时他端来一杯水，当众把水灌在细管里，由于水面一下子升得很高，桶内压强急剧增大，木

水压实验

桶经受不住了，突然裂开，水顿时四处飞溅。这个实验很简单，但却引起了在场观众的莫大兴趣，帕斯卡便借机向议论纷纷的人们宣传自己的理论，好奇的观众们在兴高采烈之余理解并接受了帕斯卡的工作。

帕斯卡患有严重的牙病。每当夜里牙疼得睡不着觉时，他就起来伏案工作，以分散注意力，暂时忘却病痛。他在科学上的卓著功绩，是他努力、勤奋的结果，也是对他短暂的一生中始终坚持进行严密的科学实验、勇于抛弃旧观念的最高奖励。

身为市长的物理学家

1654 年的一天，在德国美丽的马德堡市，天气格外晴朗。从一大早起，市民们就在纷纷奔走相告："市长要做实验了！"在实验现场，观看实验的不仅有知名的贵族，热心科学研究的学者，爱看热闹的平民百姓，就连国王也亲临现场。一时间，实验场上熙熙攘攘。

实验开始了，市长奥托·冯·格里克（O. von Guericke，1602～1686）和助手先把两个精心制作的、直径为 14 英寸的半球壳中间垫上橡皮圈，再把两个半球灌满水后合在一起，然后把水抽完，使球内形成真空，再把气嘴上的龙头拧死，这时，周围的大气把两个半球紧紧地压在一起。

一系列工作做完后，格里克一挥手，四个马夫牵来八匹高头大马，在球的两边各拴上四匹。然后，格里克一声令下，四个马夫用皮鞭猛抽两边的马。无奈马的力量太小，两个半球仍紧紧地合在一起。格里克命令两边再各增加四匹马。这样，在 16 匹马的作用下，两个半球终于被勉强拉开。在两半球分开的一刹那，外面的空气以巨大的力量、极快的速度冲进球内，实验场上发出了震耳的巨响。

在场的人们无不为这科学的力量而惊叹。在这成功的实验面前，人们终于相信：大气压力的确普遍存在！

原来，这是格里克市长精心设计的一个表演实验。虽然托里拆利

马德堡半球实验

通过真空实验发现了大气压力的存在，但由于两千多年来，亚里士多德"自然害怕真空"的谬论在当时的科学界影响很大，因而许多人都不肯相信大气压的存在。相信有的人与相信没有的人针锋相对，互不相认，然而谁也拿不出充分的证据。

为了消除人们的怀疑，格里克从自己的口袋里拿出四千英磅，煞费苦心地表演了这个"马拉铜球"的实验。在今天看来，这个实验简单得很，但是在 17 世纪中叶，却是难以攻破的难关，不但需要高超的实验技巧，而且要冲破传统观念的严重束缚，在科学史上留下了重要的一页。为了纪念格里克的功绩，后人把这种实验用的金属半球称为"马德堡半球"。

这位亲自做实验的格里克市长也是一位有名的物理学家、工程师。他从小就喜欢看书，读书的范围也很广泛，对天文学、物理学、数学、法律学、哲学和工程学都深感兴趣而且颇有造诣。后来，格里克入伍，在军队中担任军械工程师，工作得很出色。当时的欧洲正卷入三十年战争的旋涡之中，马德堡城被敌人攻破，格里克为了保卫家乡，被敌人逮捕。是瑞典朋友资助，他才得以赎身出狱。马德堡收复后，他被选为市长，不遗余力地为家乡工作，以医治战争的创伤。他除了自己身体力行、积极从事科研，还大力支持和资助其他人从事科研工作，大大推动了当地科学事业的发展。他既是一位好市长，又是一位颇有成就的科学家。

当时的科学界，制造真空是一个重要课题。1635～1645 年间，格里克以全部的精力投入了真空问题的实验工作。他花费了十几年的时间，进行了几百次实验，终于在 1650 年成功地发明了抽气泵。他最初是在装葡萄酒的木桶里装满水，用黄铜泵把水抽到另一个桶里。被抽水的桶是密封的，只有一个抽水口。三个强壮的助手用力拉动活塞，终于把桶内的水抽出。可是，由于木桶漏气，实验失败。他又用铜制的容器重新实验。随着活塞的拉动，容器里的水越来越少，气压越来越低。这时，突然霹雳一声响，原来容器内压强太小，铜球被外部的大气压压瘪了。格里克只好重新换一个更结实的铜容器做实验。当抽成真空后把活塞打开时，空气迅猛地挤进球内，那种激烈程度似乎可以把就近的人拉近铜球里。

格里克正是经过了一系列的实验探索，才终于发明了抽气机，是人类历史上最早的真空机械。有了抽气机，格里克获得了许多有重大价值的发现，比如真空中火焰会熄灭，鸟会死亡，鱼也会死去，葡萄可以保存六个月不变质；他还发现在抽成真空的钟罩内，钟发出的声音不能传到外面，而光却不受影响地照常发出。

格里克在静电学研究上也做出了很大成绩。他在一个像脑袋一样大小的玻璃球内注入熔化的硫，等硫冷却后，砸碎玻璃取出硫球，安装在支架上，使硫球可以连续转动，然后用手去摩擦硫球来产生电荷，从而制成了一台可以产生大量电荷的起电机。他还发现了电火花现象、电传导和电感应现象以及磁化现象。然而，他的这些工作没有像他的气体实验那样引起广泛的注意，而是渐渐地被忽略和遗忘了。

格里克84岁时在汉堡逝世。他虽然离去了，但他的实验却永远在马德堡、在德国、在世界各地被传为佳话。

化学篇

医药化学的推进者

大约在公元 8 世纪时，中国的炼丹术传到了阿拉伯，以后又传到了欧洲。到 11 世纪前后，欧洲的炼丹术被炼金家转化成了炼金术。15、16 世纪，炼丹术和炼金术由于本身的虚妄而逐渐销声匿迹，在欧洲兴起了一个医学化学的新时期。那时，许多化学家都致力于制造药物，化学家同时又是医学家、医生，化学家和医学家几乎成了同义语，不懂化学的医生在社会上是混不下去的。

医药化学时期的化学家在理论上仍相信亚里士多德的四元素说，不过，他们又认为在人体里四元素是以三要素即盐、硫、水银的形式出现的，人体里若缺少任何一种要素都会使人发病，所以医生在治病和制药时都在三要素上下工夫。

由于盐、硫、水银等都是医药化学家们研究的主要对象，跟这些物质有关联的许多化学药物就相继地被发现或进一步被认识了。在医药化学的发展史上，有一位举足轻重的人物，他是医药化学的主要推进者，他的最大贡献就是把化学从炼丹术和炼金术中解救出来。

他就是瑞士的帕拉塞斯（P. A. Paracelsus，1493～1541），帕拉塞斯是一位职业医生，曾在巴塞尔受到良好的教育，后来又到许多地方进行调查研究，接受新事物。1527 年，他在瑞士的巴塞尔医学专科学校教书。那时医学界的权威是盖仑和阿维森纳两人。学校里用的教科

帕拉塞斯烧毁盖仑和阿维森纳的著作

书都是他们撰著的；给病人治疗要按他们的要求施药；他们的医学理论就是圣典，谁都不能违背，即使按他们的方法把病人治死了，那也只能怪上帝没有降福。

但帕拉塞斯不迷信这些，他对盖仑和阿维森纳的理论由怀疑到后来公开反对，并在大庭广众之下烧毁了盖仑和阿维森纳的著作，以此来表示他革新旧医学的决心。他还向学生强调，要注意研究药物的化学性质，学习这方面的知识，千万不要盲目地给病人用药。

当时的化学研究大多出自炼金术人士之手。因此，帕拉塞斯极力批驳炼金术，他向医生们大声疾呼：要当好医生，就得懂化学，化学才能解决生理学、病理学和治疗上的问题。没有化学，医学就会迷失在黑暗中。他还指出：几个世纪以来，炼金家的神秘活动完全是虚妄和骗人的。化学的真正用途不在炼金，也不可能炼出金来，而在于制造药物治病救人。

帕拉塞斯虽不像现在的科学家那样有一套研究科学的缜密方法，

但他非常勤学刻苦。为了制造或提纯要用的化学药物，他亲自做了许多化学实验，完成了许多无机物之间的转变，并且在自己的著作里描述了一些新药物的制备。在医疗实践中，帕拉塞斯建议大胆使用一些无机药物作内服或外用，经他手使用的药物有汞、锑、铁、砷等及其化合物，并且由于他的影响，锑制剂在16、17世纪成为常用的药物，锑杯（即催吐杯）也相当流行。这种杯子用锑制作，当酒在杯中放一些时候，酒中的酒石就明显地与杯上的氧化物化合而形成吐酒石。这种杯子上还往往用德文刻着夸大其词的话："你是自然的奇迹，人人必能治愈！"

用这种方法治病，帕拉塞斯取得了一些成功，但也治死了不少病人。帕拉塞斯死后，他的学生和追随者们按照他的学说继续工作，他们用药之猛烈，甚至比帕拉塞斯有过之而无不及，竟然敢对垂危的病人施用更强烈的化学药物，致使一些患者提前离开了人间。不过，由于帕拉塞斯这个学派的努力，的确唤起了许多医生转向化学研究，从而推动了化学研究向着为医疗实践服务的方向发展，这比起只把化学研究局限于炼金术来说，显然是一大进步。

帕拉塞斯是16、17世纪欧洲医药化学中最著名的代表人物，同时也是一个医学希特勒。他想充当大主教式的医生，他曾在著作中写道："你们蒙彼利埃、科隆和维也纳人，你们德国人，你们多瑙河、莱茵河和近海岛屿人，雅典人、希腊人，阿拉伯人和犹太人……你们都要跟我走……我就是你们的君主。"这种挑衅性的、狂妄的口吻使他的一个教名"博姆巴斯图斯"（Bombastus）后来成了自负、夸夸其谈和言过其实的代名词。

帕拉塞斯的医学观点和过激的言论，惹恼了一些人，因而遭到他们的强烈反对。这些人在公共场所张贴传单攻击他，甚至煽动他的学生对他非礼，这使帕拉塞斯在精神上受到极大刺激。以后，他常常醉醺醺地在酒馆里与一些贫民混在一起，有时和衣任意地躺在地上昏睡过去。最后，他就这样无声无息地死在一家小旅馆角落的凳子上。

帕拉塞斯虽然没有做出多少名留青史的显赫成就，但他用自己的足迹把化学引向了富有生命力的科学道路。由于帕拉塞斯的影响，直到 18 世纪前半期，化学家还大都是医生或药剂师出身的人。

16世纪化学文献的代表作

在16世纪医药化学发展的同时，冶金化学也在兴起。当时，德国和英国都在大力开发矿业，以适应资本主义生产发展的需要。这就推动了一些化学家注目于冶金的实践。在这种状况下，阿格里科拉和他的巨著《论金属》也就应时代的要求而诞生了。

乔治·阿格里科拉（G. Agricola，1494～1555）本是一位德国医生，他曾与帕拉塞斯同时在意大利学习医学和化学。当他毕业回国后，他的兴趣转向了矿物学，因为他想通过研究矿工们的职业病，把矿物学与医学联系起来。阿格里科拉非常重视实际，他相信观察而不喜欢抽象思维，常常深入矿区，广泛调查研究，花费了大量心血和劳动，甚至还破费了不少钱财雇用画匠，画出矿脉、工具、容器、流槽、机器和冶炼炉等的形状，以免单纯用文字陈述的东西既不能为他的同时代人们所理解，也给后人带来麻烦。如果说阿格里科拉开始时还只是业余从事冶金化学工作，那么，到了后来他便因越来越浓厚的兴趣而专心研究了。耗尽心血，历尽艰辛，他终于写成了12卷的巨著《论金属》，成为近代技术先驱的不朽名著。不幸的是，这部书在阿格里科拉死后的第二年即1556年才得以出版。

《论金属》涉及矿业和相关的冶金工序的每个阶段，对寻找矿脉、开采矿石以及从矿石中冶炼各种金属、分离金属的方法都作了详细的叙述，还加进了一些生动的插图。书里集中了丰富的化学知识，尤其是对金、银、铜、铁、锡、铅、汞、锑、铋等金属的制备、提纯和分离过程作了非常精彩的描述。比如，阿格里科拉在书中所介绍的把银从铜中分离出来的"熔析"法，是 16 世纪才出现的新方法，而阿格里

"魔杖"

科拉就是第一个记述这种方法的人。

在阿格里科拉那个时代，人们相信用分叉的树枝就可以找到矿脉。他们先从树上砍下一根枝叉，然后用双手紧握住枝条的两叉，并且手指必须朝向天空。探矿人拿着树叉在山地各处随意走动。据说，一旦他们的脚踏上了矿脉，这树枝立即就会转动和扭曲。于是这个动作就揭示了矿脉的所在。而当他迈动脚步离开那个地点，树枝便又不动了。因此这种树枝被称为"魔杖"，而且寻找不同金属的矿脉要用不同的树枝来作魔杖：银矿脉用榛树枝，铜用桦树枝，铅尤其是锡用油松，而金要用钢铁做成的杆。但在《论金属》中，阿格里科拉把"魔杖"同巫术相比，批驳了这种说法，他说矿脉有一些自然的现象，比如带有泡沫的泉水，由于水的冲刷而露出地表的矿石，或某处的树木显现出不自然的颜色等，人本身就可以观察到，而根本无需借助于树枝。类似的对迷信和巫术的批驳书中还有很多，阿格里科拉依靠自己多年来仔细观察取得的丰富经验，为当时的采矿业赋予了科学的内容。

　　阿格里科拉在书中描述的试剂和操作，今天还大都用来对金、银、铅、铜、锡、铋、汞和铁进行无水分析；甚至他还阐明了一些现在仍然在应用的试金方法，比如粒化法、复份试金法、铅检验法、啤酒湿润骨灰法，等等。早在古代试金石就已被用来检验金属，特别是检验贵重金属，不过在 16 世纪之前一直没有关于试金石应用的翔实叙述。它是一种黑色或深绿色的石块，当用一种金属在这种石块上磨划时，就会留下有色的痕迹，因金属的性质而异。把这种痕迹与已知其成分的金属针在试金石上留下的痕迹相比较，就可以大致确定被试金的金属或矿石的特性。阿格里科拉在《论金属》中列举了大量这样的标准试金针，还给出了精心编制的表，示出这些试金针在磨划试金石时所产生的效果，为后人的工作提供了一个标准样本。

　　《论金属》是一部系统的矿物学和早期的应用化学巨著，它成为当时矿冶技术家必备的手册，也是 16 世纪化学文献的代表作之一。它引导着一些炼金家放弃了"点石成金"的梦想，转而研究生产实践中的冶金化学，同医药化学家一起共同对炼金术的目标进行了有力的批判，扭转了化学的发展方向。

　　阿格里科拉的大半生时间，都是在采矿、冶金工业现场度过的，他记下了矿工们的亲身见闻，这就使他能够从文献和实际调查两个方面对欧洲的矿冶工业技术作出了比较系统的论述，从而完成具有划时代意义的《论金属》，并因此而号称为"16 世纪的最高工程师"。

著名的 "柳树实验"

当同学们按时序一本本地阅读这套丛书之后，就会清楚地了解到：在古代和中世纪，中国、希腊、印度、阿拉伯和西欧各国都兴起、盛行过炼丹术，其目的，就是要试图制出能使人长生不老的仙药，以及把一些廉价的金属转变为贵重的黄金、白银，这样人们就可以永世不死，发财致富。

看到这儿，同学们一定会说，那都是一些很荒唐、很可笑的梦。的确，科学早就证明了并没有什么长生药存在，也不可能点石成金。但是，我们还是要说，炼丹术是化学的原始形式。尽管炼丹家们都以失败而告终，声名狼藉，然而，正是他们的潜心研究，为后世化学的发展积累了相当丰富的经验，也制备了很多颇有价值的化学药剂和合金，甚至于他们还不自觉地认识到了一些粗浅的化学反应规律。

当中世纪欧洲的炼丹术由于缺乏科学的基础而屡遭失败，渐渐走上末路之途时，从 15、16 世纪开始，在欧洲化学中兴起了一个新的研究方向——医药化学，它强调化学研究的目的不应在于点金，而应该是制药。它的兴起被认为是欧洲化学史新阶段的开始。这时，有更多的医生转而研究化学，他们不用草根树皮，而是用化学方法制成药剂（主要是无机物）来治病，比利时医生、化学家和生理学家范·海耳蒙特（J. B. von Helmont，1577～1644）就是其中的一位杰出的代表人物。他最初是学习医学，读过很多古希腊的医学专著，但他并不是一个只相信书本知识的人。他非常善于独立思考，常常对因袭守旧的医学提出严厉甚至于苛刻的批评，因而使很多人畏惧他、嫉恨他，乃至于不愿接受他的学术见解，这就使得他的理论不能被立即推广。

当时，有一种流行的传统说法，认为构成各种金属的要素是"汞"、"硫"和"盐"，因而木材燃烧时"燃烧的是硫，蒸发的是汞，变成灰烬的是盐"。这与当时所观测到的结果颇为吻合，因此"三要素说"大受欢迎。但海尔蒙特却不以为然，他断定真正的元素只是水和空气。为了证明自己的正确，他特意设计了一个实验。

他把已经烘干的 200 磅①泥土装在一个瓦盆里，用雨水淋湿，然后种上 5 磅重的一棵柳树干。瓦盆很大，被固定在地上，而且为了防止飞扬的尘土落进盆中影响称量结果，海尔蒙特还用一块打了孔的铁板把它盖上。他时时注意观察，坚持往盆中浇雨水或蒸馏水。五年之后，柳树干终于长成了树，把树挖出来后，称土有 169 磅 3 盎司②；而把瓦盆中的土再烘干，发现只比以前轻了 2 盎司。由此他得出结论，柳树增加的重量只能来源于水。这就是化学史上著名的"柳树实验"。

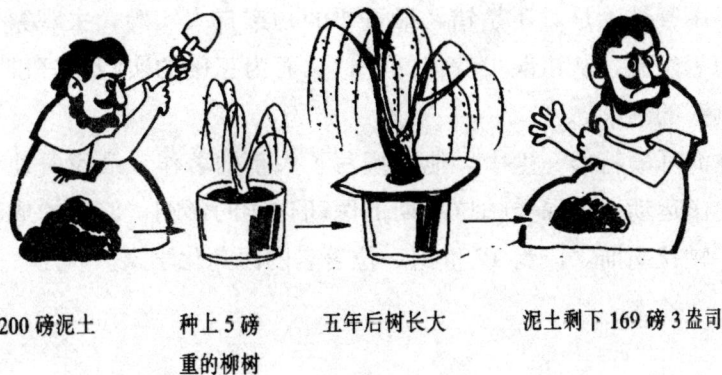

| 200 磅泥土 | 种上 5 磅重的柳树 | 五年后树长大 | 泥土剩下 169 磅 3 盎司 |

柳树实验

---

① 1 磅＝0.454 千克。
② 1 磅＝16 盎司，1 盎司＝28.35 克。

细心的同学不难发现，这个实验并不完善，有很大的片面性，实验结果更不能证明海耳蒙特原来的想法。但是，他表现出了真正的科学家的作风。为期五年的实验，需要耐心，需要韧性，需要细致的观察，更需要缜密的思考。在今天看来，海耳蒙特的结论显然是错误的，然而这个精心设计的实验当时曾使很多人信服，因为这个实验具有定量的性质，是以实实在在的数字来表示结果；而且，它还利用了一个重要的假设，即物质在化学变化过程中，既不能被创造，也不能被消灭。这就是朴素的唯物论的物质观。而在此几十年之后，质量守恒定律才被明确提出。

继"柳树实验"之后，海尔蒙特又做了大量实验来证明水在自然界中的重要地位。由于他的出色工作，因而被尊为从金丹术到化学的过渡阶段的代表。

看了这个故事，不知同学们会有些什么样的感想？海耳蒙特虽然从实验中得出了错误的结论，但他绝不是像古希腊哲学家那样只靠逻辑推理来进行研究，而是力图用实验去证明。由此我们可以得到一些启示：不管结论是对还是错，最重要的是亲自去实验，去观察，从失败中积累经验，从错误中获得知识，从而为正确的实践做好准备。这才是真正的治学态度。

在海耳蒙特的一生中，他还撰写了大量的著作，最完备地记述了医药化学运动。他深受帕拉塞斯的医药化学的影响，但他的成就大大超过了帕拉塞斯，成为 17 世纪一位著名的医药化学家。

山洞里的毒气

范·海耳蒙特是一位富有的比利时贵族，然而他宁肯在化学实验室里从事艰苦的工作，也不愿过豪华的宫廷生活。这种科学家的高尚品德使他备尝艰辛，因而也使他成为17世纪著名的化学家。

一次，海耳蒙特为了探测矿物来到了一个人迹罕至的山洞里。洞里很黑，他点起了一盏油灯照明。谁知刚一进洞，油灯就熄灭了，不一会儿，跟在身边的狗没走几步就倒在了地上。看到这种情况，海耳蒙特不由得心里一阵紧张。他是一个医生，他知道自己遇上了什么样的危险。然而，海耳蒙特还是坚定地一步步向山洞深处走去，他要找到矿物，他还要弄清楚深藏于这个山洞中的奥秘。

时间在一分一秒地过去，这时，海耳蒙特深深地吸了一口气。令他大惑不解的是，自己在洞里已经待了这么长时间了，但却没有任何异样的感觉。这究竟是怎么回事？难道洞里的危险只对动物起作用，而对人却无害？海耳蒙特下定决心，一定要搞清这个不寻常的现象。他在日记里记下了自己在山洞中的奇遇。

经过进一步研究，海耳蒙特发现这个山洞里有一种毒气，他把这种毒气叫野气。

其实，他所说的野气就是天然形成的二氧化碳。二氧化碳的密度比空气大，所以就积存在矿井和山洞的下层不容易扩散。不过，海耳蒙特不能算是二氧化碳的发现者，因为他没能鉴别它，他把银溶解于

海耳蒙特发现山洞中的毒气

王水所产生的气体（即一氧化氮）和硫磺燃烧所得到的气体（二氧化硫）等都归于野气。凡是他所说的野气，都是"既不能用容器来约束，也不能还原为可见物体"的气体。

海耳蒙特发现和研究过许多气体物质。除了野气，他用硝酸银制得红棕色有毒的二氧化氮，用硝酸和氯化铵（当时名叫硇砂）制出黄绿色的有毒气体氯气。在海耳蒙特 65 岁那年的冬天，他用木炭取暖时，差一点儿就被木炭产生的烟熏死，由此他发现了一氧化碳。还有一次，他看到矿泉冒气泡，就把这种矿泉气收集起来带回家研究。

海耳蒙特已经认识到存在许多种不同的气体。以前人们总认为空气是唯一的气体，因此海耳蒙特的工作无疑是个很大的进步。但他却没有真正了解它们。他既不知道它们的化学组成，也没有给它们起过确切的名称，更没有采用过收集气体的科学方法。他只能是主要依据气体各个比较明显的物理性质来对它们进行粗略的分类，例如他列举了下边几种气体：野气或者说无约束的气体、风气（空气）、肥气（从大肠和通过动物排泄物发酵而得到的）、干气，或者说升华的气、烟气，或者说地方性气，等等。海耳蒙特自称是气体发明家，但我们说他事实上是够不上气体发明家这个尊号的。他只是像古董店里的老板那样，是一位气体收藏家或鉴赏家。

如果海耳蒙特拥有必要的收集和研究气体的设备，那么他的有些结论就会是另一个样子了。不过，他有一个实验实际上已经接近所需要的实验设备，而且，很可能是他的这个实验启发后来的人们发明了集气槽。他把一支点燃的蜡烛放在一个水盆里，盆里装了二三英寸深的水，然后再把一个玻璃容器倒过来盖住这支一端露出水面的蜡烛。于是，似乎是由于空吸作用，水上升到玻璃容器中，取代减少了的空气，而火焰则熄灭了。海耳蒙特从这个实验得出的唯一结论是，可能是建立了一种真空，但它立即为一种物质所填充。就像他看不到树木（在上一个故事中）可能已从它在其中生长的空气里获得某种东西一样，海耳蒙特也看不到在这个实验中可能已从空气中取得了某种东西。

不过，海耳蒙特对气体的研究的确是历史上认识气体物质的良好开端，他首次科学地揭示了气体及其变化的物质性，因此而成为17世纪气体化学家的先驱。"气体"这个术语实际上是他引入的，但是直到拉瓦锡时代这个术语才真正流行起来，而在此之前，化学家们大都满足于使用"空气"这个词。

虽身为贵族，海耳蒙特还曾一度积极投入到为穷人服务的医疗工作之中，用他的资产，用他的知识和热情，尽心尽力地为贫苦的人们治病、救难，他的化学研究大大丰富了化学的内容，积累了更多的科学材料，为以后化学的进一步发展做了准备。

理发匠的儿子

　　文艺复兴时期，在中世纪手工业化学生产的基础上，采矿、冶金、酿造、染色、制药等化学生产部门，都获得了比以前更大规模的进步，因而这时期的欧洲化学主要是朝两个方向发展，一个是医药化学，另一个是冶金化学。

　　在这个时期末，出现了一位著名的德国医药化学家约翰·鲁道夫·格劳贝尔（J. R. Glauber，1604～1668）。他是理发匠的儿子，青年时代是在漫游和自学中度过的，最后死在了荷兰的阿姆斯特丹。他一生中做过许许多多的化学实验，在他的著作中记载了不少新的实验仪器、设备和实验成果。不过，他的驰名却是同所谓的"格劳贝尔盐"相联系的，他自己把这种盐称为"怪盐"。

　　1625年，德国的天主教徒和基督教徒进行了一场骨肉相残、长达7年之久的战争。最后，天主教徒取胜了，基督教徒为了躲避迫害，不得不背井离乡，流落他方。逃到诺伊施塔特时，年少的格劳贝尔突然发起高烧，浑身出满斑疹。一位善良的老僧人知道他得了伤寒病，便按照别人的话到附近的一口井里舀来井水给格劳贝尔喝下，在逃难的旅途中，这是能给病人的唯一的"药"！然而，大约过了一个月之后，奇迹出现了：格劳贝尔的病痊愈了，他的身体渐渐地恢复了健康。格劳贝尔又踏上了旅途，但他却牢牢记住了使他死里逃生的那口井。

　　几年之后，格劳贝尔长大成人了。他在扩大自己的眼界和积累知识的同时，心里总是在琢磨着诺伊施塔特的井水问题。他借自己正在一家药房里帮工的机会，仔细研究了井水的成分，发现从中分离出来的盐，同他用矾和普通盐制备"盐精"（也叫"粗盐酸"即盐酸）后剩余的残渣很相似，他便把它称作"神奇的盐"，而且还向人们推荐把这种怪盐用作"一种灵验的内服药和外用药"。其实，学过化学的人都知道，这种"神奇的盐"实际上就是含结晶水的硫酸钠，即 $Na_2SO_4 \cdot 10H_2O$，现在，我们还常常把这种结晶硫酸钠叫做"格劳贝尔盐"。

格劳贝尔依靠自己的勤奋和热情，仅仅用了三年的时间，就掌握了药房的技艺，获得了药剂师的称号。这时的格劳贝尔对科学满怀激情，同时又酷爱旅游。他不喜欢总在一个地方生活，向往到别的城市走一走，结识一些新朋友，亲眼看看这广阔的世界，认识大自然的奥妙。

格劳贝尔来到了阿姆斯特丹，这是荷兰最大的商业和手工业的中心，正是他所向往的乐土。于是，他买下一所房子，准备开设药店，以出售药剂谋生。格劳贝尔不仅善于指导全部的建筑工程，而且还能帮助工匠修造蒸馏用的炉灶，制作各式各样的仪器和玻璃器皿。这个实验室与一般药房的实验室很不相同，房间里到处都堆放着各种设备：当时算是最大的加热炉、玻璃曲颈瓶和接受器等。各种的盐和酸，以及蒸馏得到的种种液体，格劳贝尔统统倒入许多大瓶子里，然后都贮藏到大柜子里，有的干脆就放在布口袋里。瓶子上也贴着标签，可是上面写的都是一些谁也看不懂的名称，例如"盐精"、"绿矾精"、"明矾油"、"铵盐"、"酒石盐"。格劳贝尔的实验室简直就像一家化学作坊。

由于实验室里没有通风装置，因此室内经常充满着浓烈的腐蚀性蒸汽。在里边工作的人有时被气体呛得连气都喘不上来，只好从屋里跑到外面，深深地吸几口新鲜空气。长期在实验室里工作，格劳贝尔的身体受到很大的损害。有一次，他的头和全身关节疼痛难忍，不得

格劳贝尔的实验室

不暂停实验卧床休息。可是没过几天，刚刚感到病痛减轻，他便又一头扎到了实验室里。

"神奇的盐"使格劳贝尔名扬四海，他被公认是技艺水平最高的药剂师，而且还博得了配制多种贵重药物能手的荣誉。然而，凡是由他自己研究出来的各种酸和盐的制备方法，他都一概秘不外传。他懂得利用硫酸制备其他酸的道理：因为硫酸具有把金属从盐中排挤出来的本领。但这个道理他一直秘而不宣。他把食盐和砂子的混合物与"硝精"一起共热，制得了一种棕黄色的液体，他把它叫做"王水"，说它具有溶解一切金属和矿物（除银和硫磺以外）的力量。因此，格劳贝尔可能是最早知道三种无机酸即盐酸、硝酸和硫酸，以及王水的化学家。

格劳贝尔是靠出售秘密药剂谋生的，每天都有几十位患者来找他求医取药。他最受欢迎的药方包括把锑灰同酒石一起加热而制得的万用药；还有用矾油和氨水制备的一种神秘的氯化铵（实际上是硫酸铵），等等。他还在花园里种植了各种草药，并从这些药性植物的根、茎、叶和果实中提取出很多种毒物。他懂得，这些毒品如果用量极微，就可以起到良药的作用。我们今天在提取马钱子碱、吗啡碱等物质时所采用的制备方法，与当年格劳贝尔的做法基本上是一样的。

格劳贝尔决定把自己创造的和改良过的各种制备方法和药方都一一记载下来。他在制备时，总是把混合物放在曲颈甑里，而曲颈甑又是固定在特殊的炉子中，因而，他把自己的第一部著作定名为《新哲人炉》。在这部五卷巨著中，记述了格劳贝尔创造和使用过的全部制备方法，即制造各种酸类、盐类以及其他多种物质的方法。

由于一辈子长期接触各种有毒物质，从1660年初起，格劳贝尔的双腿就开始部分地麻痹。他削瘦了，面部的皮肤变得铁青而略透黄色，健康状况越来越糟。由于他疾病缠身，实验工作陷于停顿状态，这使他的助手们感到跟随他发财致富的想法已成泡影，于是就一个个离他而去。1668年3月，这位化学家终于在孤独寂寞中告别了人世。但他那卓越的智慧，他那巨大的创造潜力，却为后人留下了宝贵的财富。

彩色玻璃与人造宝石

　　玻璃制造技术是可以追溯到公元前 2500 年的美索不达米亚和古埃及时代的最古老的技术之一，到了 16、17 世纪没有再增加多少新东西，但有些已经失传了的在这期间又重新被独立地发现了，而这些被重新发现的技术都是关于制造彩色玻璃和人造宝石的，它们全是由一些化学家各自独立地发现，而且他们大都把自己的发现看作为重要的秘密，好长时间里一直是秘而不宣。

　　其中的第一项发现是在 1540 年做出的，德国的许雷尔在把玻璃同提炼铋时剩下的矿渣相熔融，结果他出乎意料地得到了色彩鲜艳的蓝色玻璃（即含钴）。许雷尔欣喜若狂，这种彩色玻璃使他大发横财，没有人不喜欢它，尤其是那些富有的贵族们，更是把它当做一种炫耀自己财富的珍贵装饰。

　　到了 16 世纪末，格劳贝尔在一次幸运的机遇中作出了更有价值的发现。格劳贝尔是第一个利用玻璃制造化学器皿的科学家，同时也是德国邱林汉市玻璃工业的奠基人。起初，格劳贝尔发现用玻璃制造的化学容器特别便于观察，便要附近的玻璃作坊成批地向他提供各式器皿。可是，当时的玻璃制造工艺还很不过关，在实验过程中经常容易破碎，这么一来，整个实验只好从头做起。吹玻璃的工人知道格劳贝尔非常有钱，因而在卖给他玻璃器皿时，要价高得吓人。这就迫使他不得不学一点吹制玻璃的技术。格劳贝尔的实验室共有四个房间，他

三室玻璃熔炉

在其中的一个房间里建起了一台玻璃熔炼炉，还专门请来一个年轻的玻璃工小师傅。

一天，格劳贝尔要熔化金灰，他加入了一些含盐的助熔剂来帮助熔化。然而，当他把坩埚从炉中取出来时，却发现里面有像红宝石一样美丽的红色玻璃。他断定这颜色是金造成的，因为他添进去的含盐助熔剂是白色的。于是他发明了一种制造有色玻璃的更为简便的方法，就是先把黄金溶化在王水里，然后再加入"燧石液"（一种硅酸钾溶液）而制成。至于硅酸钾，格劳贝尔是把碳酸钾和砂子混合后加热到熔融而得到的。格劳贝尔还指出，在用任何别种金属制造有色玻璃或人造宝石时，也可以运用这种方法。

色彩缤纷、华美精致的玻璃令人惊讶叫绝，越发刺激了社会对这种彩色玻璃和人造宝石的需求。由于发现者们对自己所掌握的关键性技术始终秘而不宣，因而发财致富的热望和了解奇迹的好奇心，促使越来越多的人急切地投身于玻璃制造工作和研究之中，其间写出了一批关于这种技术的重要论著。阿格里科拉也在一定程度上探讨过这个问题，他还提供了玻璃制造者所应用的三室炉的图。这时，在意大利的佛罗伦萨和威尼斯，以及法国等地出现了许多著名的玻璃制造厂，比较好地满足了文艺复兴时期由于工场手工业生产的高涨和商业贸易的扩大而产生的对玻璃的大量需求。

除了玻璃，还有一部分人这时开始研究陶瓷。瓷器本是古代中国人的一项技术发明，到了明、清时代已达到高度成熟阶段，并远销于欧洲各国。但16世纪的欧洲，真正掌握制瓷技术的人还为数甚少，巴利西就是早期的研究者之一。

伯纳德·巴利西（1510～1589）是法国人，没有受过什么正式教育，而主要是靠自学。在父亲的指导下，他从小就研究各种玻璃的生产方法。他在法国各地作了广泛旅行，获得了丰富见闻。后来，他见到了从意大利运来的涂有釉的瓷器，于是下定决心探寻制造白瓷和釉瓷的奥秘。为了达到预期目的，巴利西用了16年的时间来做各种有关的实验。功夫不负有心人，终于在1550年，他制成了釉瓷器皿，在文艺复兴时期的化学发展史上又留下了一位坚韧不拔的探索者的足迹。

玻璃的生产虽然在古文明的发源地（特别是近东和远东地区的国家）早已存在，但是，它的重新发现和改革却仍是15、16世纪的一项重要成就。它是那个时代的产物，是组成文艺复兴时期科学发展的蓬勃巨浪的一滴晶莹的水珠。

生物与医学篇

近代与中世纪的界线

在前边的《天文学篇》里，我们讲到了 1543 年出版的哥白尼的《天体运行论》，像黎明时那艳丽的曙光，宣告了黑暗中世纪的结束和新时代的来临。那么，同学们是否知道，同样是在 1543 年，还有另外一部伟大著作问世，它也与《天体运行论》一样，成为科学史上近代与中世纪的分界线。

这里，我们要讲的就是这部伟大著作——《人体构造》和它的作者比利时医生安德鲁·维萨留斯（A. Vesalius，1515～1564）的故事。

1515 年 1 月 1 日，维萨留斯出生在比利时的布鲁塞尔。父亲是皇帝的御用药剂师，因而成了儿子的启蒙老师。维萨留斯很小就通晓解剖学，他学会了解剖狗、兔和鸟类，在玩闹嬉戏的同时，掌握了后来受益一生的技能。

1533 年，维萨留斯到巴黎学习医学。巴黎是当时欧洲的思想中心，最优秀的艺术家、文学家和科学家都在这里工作。这时，维萨留斯遇上了一位好老师杜布瓦。这位著名的解剖学家为了让自己的学生准确、扎实地掌握所学知识，常常千方百计地弄来各式各样的动物尸体或骨架，让维萨留斯仔细观察、研究。当时，人的尸体解剖还被禁止，因而解剖材料大多是狗，并且按照惯例，解剖通常是由理发师来做，他们不懂得专业知识，所以每次解剖示范的效果总是不太令人满意。而维萨留斯由于从小就练习过解剖，到第三学年时，老师就批准

维萨留斯

他自己去作解剖，不必再看理发师那笨拙的示范了。这使维萨留斯赢得了一些同学的敬重，但也因一个未来的医生去从事解剖这种低级的医学活动而使他受到嘲讽。好在维萨留斯处之泰然，就像从未听到过那些冷嘲热讽一样。

大学毕业后，维萨留斯当过一段时间的军医，后来又在帕多瓦大学获得博士学位并留校任教，做解剖学和外科学教授。他亲自给学生作解剖示范，依据专门的解剖学知识向学生们展示人体的各个部分，而不是墨守陈规、无批判地传授谬误，因而他深受学生欢迎，争取到了大批听众。虽然他及学生们使用的仍是盖仑的权威教科书，但他毫不犹豫地在实际人体上指出与盖仑著作中相矛盾的地方。

维萨留斯在帕多瓦工作了五年，在这期间，他亲自绘制了很多解剖学插图，他父亲又把这些插图呈献给了皇帝，颇得皇帝赏识。这时，他开始酝酿要写一部解剖学巨著，并且委托一位画家为他绘制既具有艺术性而在科学上又是极其准确的解剖学插图。1543 年，划时代的

《人体构造》终于出版了，成了人体解剖学的经典著作。在书里，维萨留斯列举了自己知识的来源，标明了解剖的数目，介绍了解剖工具，用图画展示了解剖的概况和细节，以事实和清晰的思维方式，修正了人们对人体的认识。

为了使书中的内容尽量准确无误，维萨留斯花费了大量心血。首先要解决尸体的来源问题，他花钱向刽子手购买，开口向官厅乞求，甚至与几个大胆的学生去新埋的坟墓中窃尸，就这样他得到了足够的解剖材料。维萨留斯还煞费苦心，努力用形象概念来说明事实，以求浅显易懂，他把大腿骨的形状比作意大利地图，把大动脉比作半月形，把臂神经丛比作主教的帽子。由此看来，维萨留斯不仅是一位出色的医生，而且还是一位优秀的教育家。

为维萨留斯画插图的画家卡尔卡也对这部解剖学著作倾注了无数的心血。他通过身体姿势和整体结构来显示出肌肉和骨骼的力量。在他的笔下，人都是有个性的，而且与背景上的风景是那么和谐。每一幅画，不仅是一张解剖图，更是一张难得的艺术作品，至今令人叹为观止。除了画插图，卡尔卡还充当维萨留斯的助手，做一些别的事。有时，为了守护维萨留斯准备解剖的东西，卡尔卡不得不连续数夜坐在发臭的动物尸体旁。正是由于这种认真求实的精神，卡尔卡也随维萨留斯和《人体构造》一起，为后人所怀念。

与《天体运行论》一样，《人体构造》自然也遭到了非难。就连维萨留斯的老师也把他看作是一个异教徒和神经错乱的人，表示要同他斗争到底。盖仑曾说人的腿骨像狗一样是弯曲的，但维萨留斯明确指出人的腿骨是直的。为了拯救盖仑的权威，打击维萨留斯的工作，杜布瓦老师竟宣称人的腿骨在盖仑时代还是弯曲的，但是数百年来，由于狭窄的裤腿而渐渐改变了腿的形状，因而现在人的腿就不再是弯曲的了。只要能够否认维萨留斯的成绩，就连学者也可以生编硬造，自圆其说，当时对维萨留斯的围攻程度也就由此可见一斑了。

于是，深感失望的维萨留斯不得不烧掉手稿，辞去职务，离开了帕多瓦，去西班牙充当皇帝的御医。然而，日子一长，维萨留斯便渐渐厌倦了宫廷生活，而且宫廷也不愿继续庇护他免遭宗教裁判法庭的审讯。几乎陷于绝望之中的维萨留斯离开了西班牙宫廷，徒步前往耶路撒冷朝圣，幻想以自己的虔诚之心去求得上帝的饶恕。然而，上帝似乎并没有听见他的声音，1564年，在从耶路撒冷回来的归途中，维萨留斯身染重病，几天后船破遇难，这位解剖学的创始人就永远地留在了地中海。

与《天体运行论》同属于划时代的著作，但由于《人体构造》的范围比哥白尼的天文学著作狭窄，因而它在影响人的世界观方面没有那么深远。但是，它抛弃了盖仑著作中的两百多个错误，在很大程度上仍是现代解剖技术的基础。正因为有了《天体运行论》和《人体构造》，1543年在科学史上是从中世纪到近代的过渡期中最有代表性的一年，从此，科学走上了复兴之路。

近代动物学的先驱

在欧洲文艺复兴时期，随着对古典学术的重新认识、地理大发现和印刷术的广泛传播，从而给生物科学以新的刺激。在文艺复兴前的好几个世纪里，对动物和植物的研究几乎完全从属于医学。热衷于地理发现和从事贸易活动的探险家和旅行家们，在他们寻找新世界的过程中发现了许多前所未知的动物品种，这大大激起了人们对生物学的兴趣，新一代的博物学家也随之而诞生，瑞士的格斯耐就是其中最有影响的一位。

康拉德·格斯耐（K. V. Gesner，1516～1565）是瑞士博物学家，他住在苏黎世，但却以各种方式与全欧的学者都保持着密切联系，以便及时掌握自然科学各个领域的研究动态。从1551年起，他开始出版五卷巨著《动物史》，这部书使这位苏黎世的高级医生赢得了世界性的声誉，对以后数百年的动物学，特别是动物分类学产生了很大的影响。

在这部书里，概括了格斯耐所看到、听到的一切动物。为了把动物名字、动物寓言、迷信名称等表达好，他不知疲倦地思考，他把自己的许多观察作为论著的基础。在他的著作中，还记述了一些连他自己都不完全相信的虚构的动物，有7个头的水蛇、水鬼或独角兽，虽然它们也许根本就不存在，但格斯耐还是以很客观的态度作了描述。在《最大的呼啸鱼》这一章中，格斯耐描写了鲸，它能把小孩吸到海里，也能使船沉没。对于从来没见过鲸的瑞士人来说，它可是一种很

格斯耐

危险的动物。不过，格斯耐同时也在书中告诉航海的人们面对鲸的攻击应该采取什么样的方法自卫。最后，格斯耐还向人们建议，当偶然遇到自己不认识的动物时，一定要好好观察，了解这些动物的真实情况。

在书中大约有一千幅很美的插图，因而仅仅是这些插图就可以对读者产生很大的吸引力，这是格斯耐聘请了当时最好的美术家来画的。它们不单单是精美的艺术品，而且非常准确地表达了格斯耐的描述，给人以极其深刻的印象。

格斯耐掌握了大量关于动物的材料，因而完成了分类学的巨大准备工作，比如他把各式各样类似人的虚构动物都算作猴类，把四足类动物分为家兽和野兽、无角兽和有角兽、大兽和小兽，等等。这些分类虽然简单并显粗糙，但为后人打下了准确分类的基础，为动物学的进一步发展提供了材料，他本人也被称为新动物学的先驱。

格斯耐之所以成为 16 世纪最著名的自然学家，与他从小就有良好的基础是分不开的。格斯耐的叔父曾努力研究过自己周围的植物界，格斯耐对叔父所做的事深感兴趣，常常跑到叔父家去观看叔父工作，或是跟随叔父去野外采集植物标本。然而，格斯耐对自然界的爱好并没有就此顺利地发展下去。他父亲本是一个毛皮匠，家境贫穷。在格斯耐15岁时，父亲阵亡，这一来，家里的经济状况变得更坏了。为了继续上学，成绩优异的格斯耐不得不申请了一笔学习神学的奖学金。可是，三年之后，格斯耐连学业都完全中断了，他只能去当教师以维持生计。要强的格斯耐不愿就此平平庸庸地度过一生，他坚持学习，并且不断地申请新的奖学金。终于，他得以重新开始他一直热爱的医学学习。几年以后，他如愿以偿，获得了医学博士学位，在苏黎士当了一名医生。有了安定的职业，格斯耐就开始了他重要的科学工作。

发表了《动物史》之后，格斯耐又准备写另一部著作，渴望着对植物界也作出一个类似《动物史》的描述。他整理出了基本的资料，重新描述了许多植物，汇集了大约1500幅插图，还对花瓣作了比较分析。然而，这部书却是在格斯耐死后将近200年才发表出来，这时，格斯耐早已长眠地下，对自己这部又一次轰动于世的巨著已毫无所知。

1565年，一场毁灭性的瘟疫袭击了苏黎世。作为一个以救死扶伤为己任的医生，格斯耐丝毫没有考虑到自己也会染上那可怕的鼠疫，全身心地投入到医治病人的工作之中。于是，他的身体渐渐变得十分虚弱，终于，格斯耐也染上鼠疫而离开人世，留下了许多想做又尚未做完的研究工作，也留下了他的英名。

最伟大的发现——血液循环

早在公元 2 世纪，古罗马皇帝马可·奥里略的御医盖仑提出一种血液循环的理论，认为血液形成于肝脏，肝脏是血液循环的中心；心脏分左右两腔，中间隔有肉眼看不见的筛孔。盖仑把血液运动看成是上帝的安排，一千多年来，他的理论一直被教会当做神学体系的理论根据和神圣不可侵犯的经典。到 16 世纪时，医学界不少进步学者对盖仑的理论提出大胆怀疑，达·芬奇发现心脏有四个腔，对盖仑学说提出挑战；比利时医生维萨留斯指出盖仑的著作中有二百多处错误，但他却因此被迫流亡他乡，不幸途中遇难；西班牙医生塞尔维特发现血液小循环系统，批判了盖仑学说，却因异端罪名被宗教裁判所判处火刑。先驱者付出的代价是沉重的，但却为后来者认识真理奠定了基础，我们这里要讲的就是盖仑学说最终为血液循环理论所替代的故事。

威廉·哈维（W. Harvey，1578～1657）于 1578 年 4 月出生在英国肯特郡的一个富裕家庭里。他天资聪颖，读小学时就以优异成绩名列前茅。16 岁时顺利考进剑桥大学，三年后获得文学学士学位。但由于学习生活过分紧张，他积劳成疾，不得不辍学回家治病。当时的医疗水平还相当落后，母亲为他请来的是一个民间庸医，因此久治不愈。哈维饱受病痛的折磨，从此他暗下决心，立志弃文从医，在医学上做一番事业，造福于民。

1600 年，哈维身体刚刚康复，便来到意大利帕多瓦大学求学。由于当时教会反对人体解剖，因而欧洲几乎所有大学都严禁做这种实验，唯独这所具有几百年历史的著名学府例外。入学后哈维好学不怠，锐意进取，在学业上进步很快，在 24 岁时就获得了医学博士学位。同年他载誉归国，开诊行医，勤勤恳恳工作了很多年，以救死扶伤为己任。他从求学时期起，就一直没有停止过对动物进行解剖、观察与研究。早在家乡治病时，每当看到民间医生给他放出鲜血，他就在想：血液在人体里究竟是怎样运动的呢？上学时他曾将这个问题向老师提出过，但得到的回答却是"尚待研究"。同时，他的老师发现静脉中有瓣膜并朝着心脏方向生长。这使哈维深受启发，决心穷尽原委，彻底解开血液运动之谜。

哈维动手在自己家中建起了实验室，开始从事艰苦的探索。他有时一头钻进实验室 36 个小时不出来，妻子无可奈何，只能默默地将饭菜放到他的实验室里。他仔细记录观察到的一切，对以前所有的理论和观点，既不轻信，也不盲从，而是通过自己的亲身实验来得出结论。他不辞辛苦地解剖了 80 多种动物，终于发现：心脏是一团拳头大小的空心的肌肉，它就像水泵那样工作，收缩时把血液送进动脉，然后，它放松、扩张，接着再收缩。哈维做了些计算，发现一颗心脏每小时竟然泵送 65 加仑①以上的血液！很明显，人体不可能每小时制造并消耗掉 65 加仑的血液，他知道人体内大约有四五夸脱②的血液。这样一来，只能有一种解释：同样的血液以某种循环的形式在体内流动。

---

① ② 加仑、夸脱均为英制容量单位，1 加仑＝4.546 升，1 夸脱＝1.136 升，并且 1 加仑＝4 夸脱。

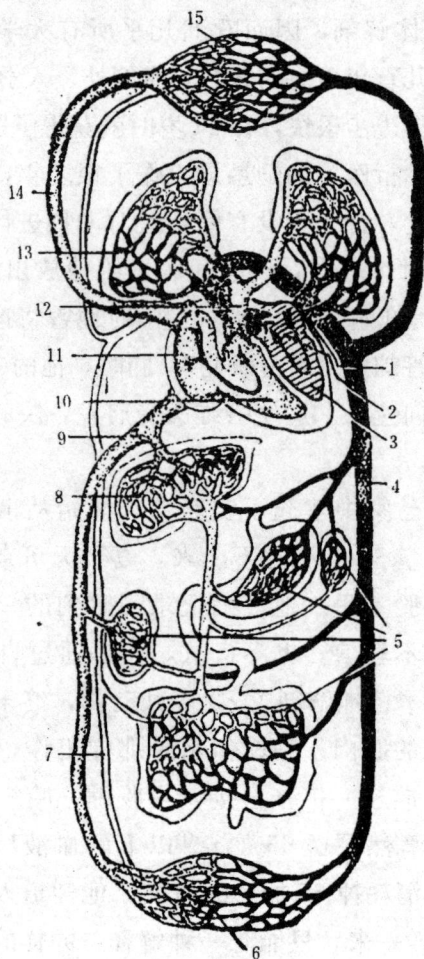

血液循环图

1—肺静脉　2—左心房　3—左心室　4—主动脉　5—腹腔器
官的毛细血管　6—下肢毛细血管　7—淋巴循环　8—肝脏毛细血
管　9—下腔静脉　10—右心室　11—右心房　12—肺动脉　13—
肺部毛细血管　14—上腔静脉　15—头部和上肢毛细血管

这样，哈维最终确立了自己的理论：血液是循环流动的。它从心脏流入动脉，再到静脉，又回到心脏。动脉瓣膜使血液逆心脏方向流动，静脉瓣膜使血液向着心脏方向返回。哈维建立起一种崭新的、完整的血液循环理论，顿时成为爆炸性的奇闻，舆论大哗。由于他的理论触动了神学的中枢神经，因此遭到了围攻，反动势力骂他是"疯子"、"江湖骗子"，血液循环理论也被斥之为"无用的"、"有害的"、"别有用心的"谬论。一时间乌烟瘴气，使哈维处境十分困难，找他看病的人急剧减少，连亲朋好友也和他疏远了。

面对逆境，哈维勇敢地进行了回击。他多次邀请反对他的神学家、哲学家和医生到家里来，给他们当场做实验。出访德国时，又特意请来名医霍夫曼，到一个阶梯教室当众给他做实验，想说服他。可这位顽固的教授死抱住腐朽的理论不放，一味刁难。哈维一气之下掷刀而去。但是，真理终于还是取得了胜利，哈维的理论为越来越多的人所接受，同情者和支持者纷涌而来，甚至一些达官贵人也向他求医。哈维信心倍增，于是将自己所有的研究成果汇集在一起，于1628年出版了一部惊世之作《心血运动论》，从此把生理学（人体生理学和动物生理学）确立为科学。

今天，医生们常常从健康人的血管中抽出血液输给病人，以增强其体力。还有奇妙的机器，能在心脏手术时保持血液自动循环。但如果没有哈维这位伟大科学家的非凡工作，这些起死回生的技术都不会成为现实。

名医与传染病

　　中世纪晚期，由于施行了检疫制度，建立了麻风病院，鼠疫、麻风病的流行逐渐减少，但发汗病（可能是斑疹伤寒）、匈牙利病（即斑疹伤寒）、流行性感冒、天花、麻疹等仍很猖獗。到了 15 世纪末，梅毒从葡萄牙、法国传入整个欧洲（西班牙称为法兰西病，法国称为西班牙病），然而，当时还没有研究流行病的科学，对流行病的传播也没有相应的抵抗方法。

　　在这种情况下，哥白尼在帕多瓦大学的一个同学吉罗拉蒙·法拉卡斯托罗（Fracastoro，1478～1553），已经注意到了这些能使一个地区随之毁灭的可怕的疾病。他是意大利维罗纳的一位名医，曾多次亲眼见过传染病的大流行。那一幅幅人亡村毁、惨不忍睹的景象深深地刺痛了他的心，使得这位出身于贵族家庭的名医不惜投入极大的精力去研究传染病。他专门研究过斑疹伤寒。1530 年，他还发表了一首长诗《西菲利斯》，用诗的幻想来美化梅毒。由于这部诗体著作采用了诗歌和幻想的文体，因而流行很快、很广，书中对这种病的病因和治疗方法的正确描述也随之为市民广泛接受。

　　1546 年，法拉卡斯托罗又写了一部更有分量的专著《论触染疾病》，他在书中史无前例地首次明确区分开某些疾病从一个人传给另一个人的三种具体方式，即：1. 通过触染，即直接接触；2. 经由媒介物感染，即污染物的感染，例如被传染性恶臭气玷污的衣物；3. 超距

法拉卡斯托罗

感染。他把这三种途径的感染都看作是由于"最小的、我们感觉所达不到的小粒子"而受传染的，他把这些小粒东西称为传染种子或传染胚。法拉卡斯托罗特别描述了斑疹伤寒，他把疹子看作是小的血液渗出，认为这种疾病的传染与血液有着很密切的关系。

法拉卡斯托罗的著作是人类以往的关于传染病知识的综合，同时也是传染病临床学及流行病学的最早的著作之一。他发展了传染病传播的"传染论"观点，同时又部分地保存了以前的"瘴气传染"的观念——在特殊的空气条件下，传染直接发生于空气中。他就这样解释了当时很多传染病的突发和传播，当然，以现在的观点来看，这种解释是有片面的。

法拉卡斯托罗是一位救死扶伤的好医生，同时也是一个典型的人文主义者。他有着多方面的兴趣，研究过文学、法律、科学、哲学，在他巡回探视或出诊时，他总是带着一本传记或历史书以消磨路途上的时间。他还写过很多著作，专门讨论诗的艺术和各种主题。他的文学活动使他在同时代的人中间赢得了很大声誉，并且博得了世俗和宗教王侯们的青睐，多次受到宫廷的任命。但是，他依恋自己在维罗纳附近的乡间宅第，喜爱读书，寄情怡养，因此拒绝了所有的聘请。不过，也有一次例外，他接受了教皇保罗三世的任命，担任了特兰托宗教会议的医官，但为期很短。在他死后两年，家乡人民为这位指引他们制服传染病的名医竖起了一座纪念碑。

继法拉卡斯托罗之后，关于各种疾病，即身体各个部分及有关病痛的专门研究不断加强。1578年，一位法国人最先说明了当时在巴黎肆虐的百日咳；1583年，另一位法国人发表了最早的对眼病的说明，描述了各种治疗眼疾的新器械和新手术；1590年，一位意大利医生率先描述了高山病，认为这种病是高原地区稀薄的空气所致；1611年，有人论述了白喉；1648年，又有人研究了皮肤病。正有了许多人接连不断的努力，使得曾盛行一时的许多种传染病都得到了很好的认识、预防和治疗。1533年，巴黎发布了瘟疫法令，命令呈报和隔离所有瘟疫患者，禁止运送感染的食品，坚决要求清扫道路和贫民窟，撤空瘟疫死者的住房。伦敦在1665年大瘟疫期间也仿效巴黎。而且，由于认识到传染可以以物和人作为媒介，因而到了17世纪，医生在出访传染病患者时都要穿上罩衣，头和脸甚至还要戴上专门的妆具，在长长的嘴套里填满芳香药物。尽管这种诸如香草一类的芳香物质丝毫无助于防止感染，但在同传染病人接触时穿上特殊罩衣的做法却是一种进步。也许，今天我们在医院里看见的白大褂、蓝大褂就是由此而来的哩！

战地医生的发明

在中世纪时，外科医生是非常受轻视的，当时，不准外科医生参加医师学术团体，这是等级——行会制度的反映。而在那时的法国，更是严格地禁止外科医生超越其职业的界限，禁止他们进行规定以外的手术。外科医生被分为两类，各穿不同的服装，他们的地位也有明显的区别：一类是膀胱结石截除术和其他手术的操作者；一类就是理发师，他们在"小外科"中起着重要的作用，比如最普通的放血，就是他们做的事情。这个故事的主人公帕雷，就是出身于理发师的伟大的外科医生。

安布罗斯·帕雷（A. pare，1510～1590）曾一度跟一个理发师当学徒，但他并不安心于永远从事这种没有任何发展前途的职业，最后设法到了巴黎，在市立医院工作，学习外科技术。1536 年，法兰西斯一世和查理五世开战，帕雷担任外科军医，攻占维拉尼要塞时他在蒙特雅元帅部。正是在这个要塞敷裹伤员时，接骨木油用完了，帕雷只好用身边现成的玫瑰油、松节油和蛋黄调成药膏，敷在伤口上，然后用干净的布包扎起来。若是在平时，治疗战伤或火烧伤时总要先用铁烧灼，或用煎沸的芸香树脂冲洗，但这样的治法往往使伤口剧痛，发热红肿。因此，帕雷几乎彻夜不眠，他一直在惦念着那些伤员，暗暗为自己没有给他们灼烧伤口而担心。同时，这位善良的军医心中充满了悲哀，没有药了，那些病重的伤员到了明天早晨都会一个个死去……

天才微微有点发亮，心事重重的帕雷就匆匆起床向病房奔去。然而，当他跑进病房，一眼看见那几位依然在熟睡的伤员时，帕雷惊呆了。他们那涂抹了蛋黄药膏的伤口没有发炎，也没有肿胀，他们没有任何痛苦，舒适地度过了漫长的一夜！再看看另外几位用煮沸的接骨木油治疗过的伤员，他们的伤口已经发炎、肿胀，他们在低低地呻吟，痛苦不堪。看到这些，帕雷那颗刚刚轻松下来的心又立刻缩紧了，那一声声痛苦的呻吟仿佛是发自他自己的胸中。他暗下决心，从此，再也不能残酷地烧灼这些不幸的伤员了！

由于这样一个偶然的机会，帕雷认识到了一个与当时公认的看法截然相反的观点：枪伤不是弹药毒害所致，因而不用采取往伤口上灌注煮沸的接骨木油这种使人痛苦不堪的方法来治疗。而他所采用的软膏结扎法，大大减轻了病人的痛苦，而且还可以使伤口痊愈的时间缩短。

1538 年，战争结束以后，帕雷返回巴黎，成婚定居，开业行医。他集自己十多年来的经验，在 1545 年发表了一部关于枪伤治疗的经典著作。1552 年，又一场战争给了他一个应用他自己的外科学思想的极好机会，于是他相信结扎是比烧灼更好的止血方法，从此他完全摒弃了用烧红的铁来防止出血的习惯做法，而是用布条来结扎动脉。

1553 年，帕雷在埃丹被俘，但由于他的外科医术高超，敌人很快就释放了他。第二年，帕雷获得了就任巴黎圣科姆学院外科主任的殊荣。然而，这个平民的儿子并没有因此而显示学者的派头，他还像过去一样谦虚谨慎，不耻下问，甚至向老妪求教，由此采纳了例如用剁碎后撒上少许盐的洋葱来治疗烧伤和烫伤的疗法。帕雷的格言是"我给那个人治病，但治愈他的是上帝"，他笃信上帝那全能的治愈力量会使自己免于试验时产生过失。

16、17 世纪，还开始发明用人造物来代替由于事故或疾病而丧

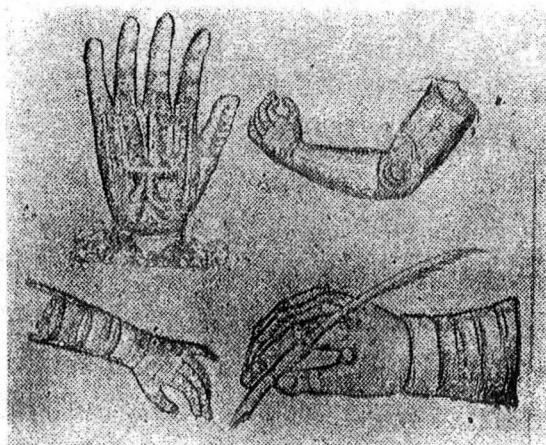

帕雷创制的假肢

失、损害的身体各部分，帕雷为之做了许多工作。他大力强调解剖学和机械学在外科学上的应用，设计了许多复杂的整形仪器、人造四肢、假牙以及带有齿轮的关节等。他还在书中描绘了缝补面部外伤的正确方法，是现代整形术的雏形。

帕雷还是第一个论述了大腿骨颈部的骨折，并且改进了断肢术的方法。他创制了治疗手臂骨折的伸展器，和用于提起被打折而塌陷的头盖骨的提拉器，改良了切除白内障的器械。他还设计过一个能减轻膀胱结石病人痛苦的蒸汽浴椅，就连我们今天产科中因胎儿异位而使用的产前倒转术也应该归功于他。

帕雷把自己的这些发明创造和外科疗法都详尽地总结在著作《外科十书》中。文艺复兴时期的外科学是在解剖学的基础上逐渐发展起来的，而那时外科学的进步，又主要反映在帕雷的著作中，他一生写了许多法文的医学著作。因此，这位出身于理发师、做过30年军医的外科医生，可以说是近代外科学的奠基人之一。

"等着瞧"的医生

讲到 17 世纪医学的发展，有一点，说来也许令人感到荒谬可笑，那就是在治疗病人方面最大的进步之一，在于给病人施行比通常更少的治疗。那时的开业医生们都相信药剂的配料越多，就越有可能证明其中的一种是有效的，因而他们都习惯于开复杂药物的处方，常常是在治疗一种病的方子上列满了十几种甚至几十种药。这种方法非常危险，因为错误的药物往往会造成更大的危害。

一些比较有眼光的医生完全认识到了这种危险，尤其是英国的托马斯·西德纳姆（T. Sydenham，1624～1689）医生，他采取的是一种"等着瞧"、尽可能少用药物去干扰的方针。他之所以采取这种方针和相应的理论，是由于他具有广泛的临床经验，对传统秘方抱批判态度。他在治病的过程中发现，在疾病的许多阶段上，人的机体本身都在力图摆脱失常状态。因而他相信，医生所能做的最好事情，就是维护这种可以说是竞赛、给人体以每一个能够发挥其自愈力的机会，而服药、放血等也许会阻碍这种能力。西德纳姆曾经给风湿病人开了个处方，让病人只服用乳清。聪明的医生觉察到了病人对这种似乎只能算是饮料的药物产生怀疑，便以他那特有的方式在处方上补充了一句："如果有人嫌这种方法简单而鄙薄它，那么我要让他知道，只有意志薄弱者才会蔑视简单平凡的东西。"

本着这种精神，西德纳姆主张病房里应当有新鲜空气，而且他还认为 17 世纪伦敦的淡水是一种危险饮料，而主张病人喝少量啤酒；当他拿不准对症的药物时，他就宁肯什么也不给，而是等待观察病情的进展，让病人食粗茶淡饭，喝一点儿啤酒，呼吸新鲜空气，并且进行适当的体育锻炼，以便在这自然治疗期间维持病人的体力。就像前边讲到的帕雷笃信上帝的力量一样，西德纳姆相信大自然的治愈威力，认为只有自然才能使失调终止，并借助少数简单药物进行医治，有时甚至根本就不用药物。

西德纳姆在很多方面都同帕雷相似。两人都从过军；两人都没有太多的学问，都不怎么崇尚纯粹的书本知识；两人都是经验主义者，注重观察事实而不是抽象理论。西德纳姆与化学的奠基人波义耳有着很深的友谊，有个时期波义耳总是陪伴着西德纳姆一起出诊，而他们俩也是由于共同的经验主义而志同道合。并且，西德纳姆还是个非常有独立精神的人，不大受高谈阔论和夸夸其谈的理论的影响，他常说："我的秉性是思考别人感到明白的地方；我深究的不是世界是否同我一致，而是我是否同真理一致。"他不喜欢深奥的假说，对当时的医学理论家敬而远之。他把凡是已经写在书上的都斥为假说，斥为滥用荒诞的歪门邪道。由于他为人谦恭直率，作为一位反对医学骗术的斗士和用批判的科学方法研究、治疗人类疾病的先驱，他深受当代和后世的景仰。在他死后，人们众口一词，称颂他为英国的希波克拉底。

在 16、17 世纪，医学作为一门非经验的、传统的学科，很少能引起人们的注意，就连一些最有才华的职业医生也把主要精力转向了非医学学科。比如哈维醉心于生物学，阿格里科拉对冶金学做出了巨大贡献。但西德纳姆是一个例外，他试图通过密切观察和描述各种具体的疾病，为一种理性的、科学的医学奠定基础，在这种思想的指导下，西德纳姆仔细而又详尽地描述了热病和痛风、麻疹和猩红热、支气管肺炎和急性胸膜肺炎、舞蹈病、赤痢以及歇斯底里等病症，并且在每一方面都做出了不可磨灭的贡献。在英国内战时，西德纳姆的四个兄弟都是克伦威尔军队的军官，他自己也曾一度考虑过投身于政治生涯，但最终还是决定以医学为业。由此可以看出，如何选择职业，是一个将会影响每个人一生的大问题，我们很难想象，从政的西德纳姆是否还能够赢得那么多人的热爱而名垂青史？

地　学　篇

首航印度

15 世纪的地中海，是联系东西方贸易的主要航路。阿拉伯人在印度的加尔各答、科琴和坎纳努尔等处购得东方的香料、宝石、丝绸、瓷器等货物，用单桅帆船送到沙特阿拉伯的吉达，再由驼队运到埃及开罗，然后沿尼罗河用驳船转运。意大利人就在亚历山大城购买这些货物，并用威尼斯与热那亚的大船经过地中海，运往欧洲销售。

眼看大把大把的金币被装进威尼斯商人和埃及国王的口袋里，而自己却沾不到一点边，葡萄牙国王恨得咬牙切齿，夜不能寐。他日思夜想要找到一条去印度和中国的道路。然而，早在 1453 年，自从土耳其人攻下了连接欧亚两大洲的枢纽——伊斯坦布尔，原来去东方的陆上通路就被切断，要去迷人的东方，只有在水路上打主意了。

1495 年，葡萄牙国王决定派老伽马担任探索印度远征队的总指挥。一切准备就绪了，不料老伽马猝然去世。那时，小伽马已是个 30 多岁的壮年汉，他精通数学、航海术，对地图、罗盘、桅帆等很有研究，曾参加过葡萄牙与西班牙的战役，当时又正在宫廷中供职，雄心勃勃，颇有大将风度。于是，他继承了父亲的遗职，被任命为远征队司令官。

1497 年 7 月 8 日，由瓦什科·达·伽马（V. de Gama，1460～1524）亲自监工、精心制作的四艘船组成的探索印度航路的远征队，浩浩荡荡地驶出了特茹河口，直奔浩瀚的海洋，往南驶去。为了组建这支船队，达·伽马煞费苦心。他大量而广泛地搜集了阿拉伯人和意大利人的旧海图，再根据自己的知识绘制了新海图，并且对罗盘等航海用具严加检查。为了加强船舶的稳定性，他还别具匠心地采用了新式的四角帆，以代替一般的斜帆。

经过整整一星期风平浪静的航行，已望见了加那利群岛。船队决定取道佛得角群岛和圣地亚哥向南驶。而且，为了躲过逆风，保证行船速度，果敢的达·伽马毅然决定：摒弃靠近海岸行驶的惯常航法，放弃与大陆的一切联系，在南纬 10 度处朝西南驶入南大西洋。乘东北顺风，向西南方向航行，绕半个大圈，直到巴西外海的赤道附近往南转，借助斜穿南大西洋定期而来的信风，到达非洲海岸。

日子是那么单调而冗长，整整三个月，没有遇到任何一小块的陆地，这是一次没有先例的探险航行。直到 11 月，船队在达·伽马的指挥下，终于来到了距好望角 100 多千米的海湾——圣赫勒拿湾。至此，达·伽马率领船队无意中完成了一项新发现：找到了一条由欧洲到非洲大陆南端最方便的航路。这条航线始终一路顺风，并且这里的洋流也特别有利于船只往南航行。几百年后的今天，热衷于航海的欧洲人，还一直沿用着这条航线。

船队驶出圣赫勒拿湾，朝南继续航行。两天后，好望角的轮廓出现在左舷，几天后终于驶过了好望角，绕过非洲西南端的福尔斯湾，达·伽马的远征队作为欧洲人的第一支船队，首次驶入了印度洋。但远征队在这里经受了严酷的考验。桅樯松动，船底严重漏水；迎面而来的莫桑比克洋流阻碍着船舶前进；由于长期吃不到蔬菜和水果，患坏血病的船员日愈增多，甲板上成排地躺着虚弱疲惫的人们，船队濒于奄奄一息的状态。但在达·伽马的指挥下，船队仍然在艰难地挺进着。

第二年的 1 月，达·伽马在基利马内河口找到了停泊处。经过一个多月的休整，远征队恢复了元气重新出海，沿着非洲东海岸和马达加斯加岛之间的莫桑比克海峡逆流而上。4 月，他们到达了穆斯林城蒙巴萨。这是个优良的港口，停泊着许多船只，满载着来自印度的肉桂、豆蔻、丁香和青花瓷器，这些东方的物产格外强烈地刺激了葡萄牙人直达印度的欲望。

不久，达·伽马的船队抵达了另一大陆上的阿拉伯城马林迪，在这里，他们找到了一位优秀的阿拉伯领港人来当向导，精通航海术的向导向达·伽马展开了绘有正确方位、纬线和经线的印度西岸地图，并丰富了达·伽马的观星象知识，在他的引导下，船队犹如离弦之箭直奔美丽富饶的东方。

1498年5月20日，葡萄牙船队的船只依次进入了科泽科德港，这里是印度当时最大的通商口岸。首航印度成功了！

印度航路的发现，奠定了葡萄牙此后整整一个世纪的地位。1499年7月，经过26个月探险航行的达·伽马远征队返回了葡萄牙首都里斯本。尽管生还者不及三分之一，尽管船队只剩下了两只满目疮痍的破船，但国王还是热烈地欢迎他们，因为达·伽马发现了直达印度的水路，并且带回了其价值是全部远征费用60倍的大批货物。

从此，里斯本成了国际贸易中心。葡萄牙船经常取道好望角驶向东方，带回非洲海岸珍贵的象牙、黄金、黑檀木和稀罕的东方香料、丝绸、珠宝。同时，传教士也随船而去，在商人做生意的地方传教，以赢得更多的信徒。这样，小小的葡萄牙进入了世界强国的行列，而东方的文明古国却沦为了殖民地。

到了16世纪，葡萄牙的航海事业继续进行，并且日益向东伸展。1510年，葡萄牙人占领了果阿，并把这个港口作为印度西岸的重要贸易中心；1511年，他们在马来半岛和苏门答腊之间海峡里的马六甲建立了一个基地；到了1542年，葡萄牙人甚至到达日本；1557年，他们向中国"租借"了澳门，作为控制各种各样新产物的有利基地；1590年，他们到了台湾，还给它取了一个葡萄牙名字，叫"福摩萨"。就这样，自达·伽马首航印度之后，葡萄牙一点一点地写下了他们在东方的殖民史。

哥伦布的故事

　　克里斯托弗·哥伦布（C. Colombo，1451～1506）四次航行而发现新大陆的故事是我们大家都熟悉的，这里就不再重复了。同学们只需要明白一点：作为一位伟大的航海家、地理大发现时代的英雄，哥伦布也像前边所讲到的达·伽马，以及后边要讲的巴波亚、麦哲伦和德累克一样，是靠着他那勇敢、无畏的精神、丰富的航海知识和经验，以及那对财富的热望，历尽艰辛，百折不挠，才终于实现了自己一生中的宏大抱负。

　　在这一则《哥伦布的故事》中，我们来讲一讲关于哥伦布的地理思想的故事。

　　哥伦布于 1451 年出生于热那亚，但他的父母都是西班牙人。哥伦布从小就迷恋于船只和航海问题，用他自己的话来说，从 14 岁起他就开始了航行事业。稍稍长大一些后，他在东地中海的船上找了一个工作，25 岁时来到葡萄牙的萨格里什学院①学习。这一年他还随一条英国船去过冰岛。1478 年哥伦布结了婚，在马德拉岛上过了几年平静的生活。但他仍在勤奋地学习，不断增进自己对海洋的认识，并努力把自己锻炼成当时技术最优秀的水手。不幸的是，这种宁静的日子很快

----

　　① 世界上第一个地理研究院，由葡萄牙国王的第三个儿子亨利王子（称"航海者"）于 1418 年创立。

哥伦布

就被打碎了，妻子病逝，哥伦布把悲痛深深地埋在心里，重新走向海洋。

从很早的时候起，哥伦布就开始设想向西航行可能到达亚洲。他读过不少书，常常是一边读书一边就习惯性地在书边做下笔记。这些书中，有断言中国位于加那利群岛以西三千余英里的《幻想世界》，以及报道希腊和罗马有关地球的概念的著作，有托勒密《地理学》的拉丁文译本，有马可·波罗的游记，还有一些当时非常流行、深受大众喜爱的旅行记。

哥伦布深信地球是圆的，因而他总是在思考着两个问题，它们都与向西航行到亚洲去要走多少距离有关，如果地球的圆周分成360度，那么每一度有多长呢？究竟有些什么样的确切证据，可以证明地球上已知的陆地是向东伸展？

关于第一个问题，前人早就做过很多计算和测量。其中萨格里什学院的学者们，把从里斯本延伸到今几内亚的科纳克里港附近某个地方当做是南北线，以多次航行中的估计为根据算出了它的距离，并且把这条线的北端定为北纬 42°41′（实际应是北纬 38°42′），南端定为北纬 1°5′（实际应是北纬 9°30′），这样每一纬度的长度约为 $56\frac{2}{3}$ 意大利海里。经比较，哥伦布接受了这个数字，深信到亚洲去将不是什么大问题。其实，如果他知道亚洲位于那么遥远的地方，如果他知道航程中间有一块介乎其间的大陆，他会启程吗？而哥伦布所设想的亚洲东岸的位置，恰巧和墨西哥东岸的位置大体相同。

但是，要说服西班牙和葡萄牙宫廷里的学者们，使他们相信亚洲离欧洲以西并不远，那又是另外一回事了。葡萄牙国王已应允去寻找环绕非洲的航道，在 1484 年拒绝了哥伦布的建议。而在西班牙，他的遭遇也没好多少。当他终于见到西班牙国王和王后时，他们却任命了一个皇家委员会来研究这件事情，这是自古以来搁置棘手问题的方法。这个委员会直到 1490 年才提出报告，驳回了哥伦布的计划，因为他们不相信那个地球圆周长度的估计，也不相信欧洲和亚洲的东西间的广度，认为任何船队企图西航如此遥远的路程，是肯定不会成功的。然而，西班牙王后却被哥伦布一定能完成航行的那种不可动摇的意志深深感动，尽管报告对他不利，王后还是点头同意了提供船队和给养。

于是，在 1492 年 8 月的清晨，哥伦布开始了他的第一次远航。从 1492 年到 1504 年，哥伦布克服重重困难，四次航行，终于在预期找到大陆的地方找到了大陆，虽然他没有看到如马可·波罗所描绘的那种高度文明，但他始终相信他是找到了亚洲（实际上是美洲大陆）。当他发现古巴南岸和中美洲海岸正如托勒密地图上标出亚洲海岸那样是折向西南时，他的信心更强了。他从中美洲的印第安人那里听说西去不远就有黄金出产，陆地西边还有一个大洋，他断定那一定是印度洋。另外，他还注意到有一股极大的海流沿南美洲北岸流动，他认为这样大量的海水必然在哪里有个出路。在加勒比海和印度洋之间一定有一条海峡相通。他当然还不知道墨西哥湾流。他没有朝北航向马可·波

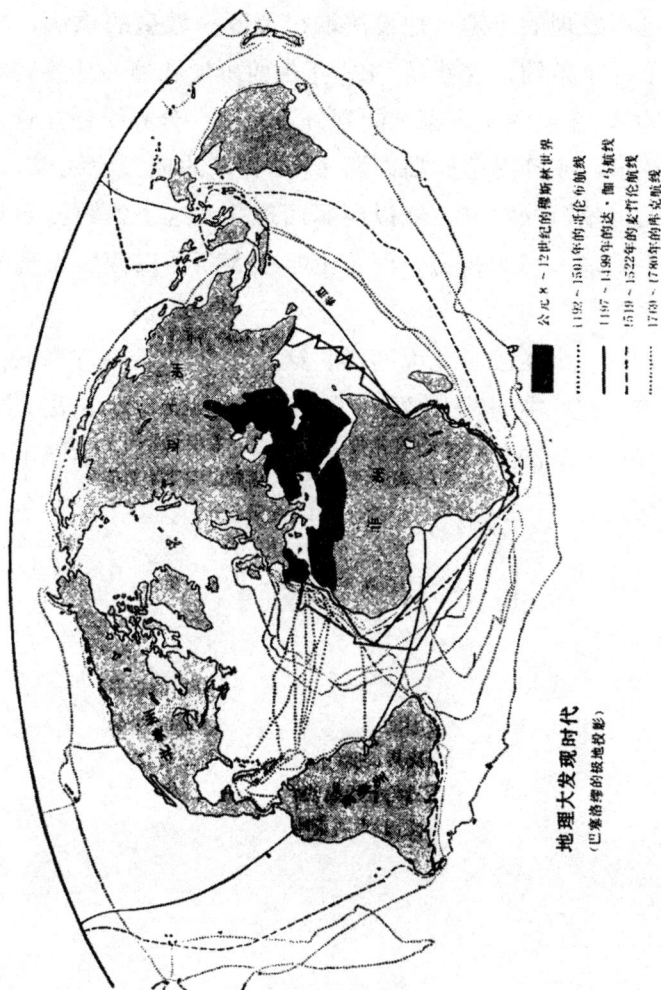

地理大发现时代

罗所叙述的存在着中国文化的纬度，而是继续向西南方向进行探险。理由之一是他希望找到通向印度洋的口子，另外还有一个理由，那就是他要去寻找黄金，因为那时大家都认为黄金是由热带太阳的热度所产生的，所以在越靠近赤道的地方就能找到更多的黄金。

　　哥伦布不仅是一个优秀的水手，并且还是一个能干的外交家。为了占有自己所发现的土地，他设法取得了罗马教皇的承认，与葡萄牙国王商定了一个条约，这就是 1494 年由西班牙和葡萄牙签署的《托尔德西拉条约》，在这两个国家之间划分了世界。分界线划在亚速尔群岛以西 800 英里，或佛得角群岛以西 1100 英里的地方，线以东的土地，葡萄牙有无可争辩的权利，线以西属西班牙。这个条约给葡萄牙在印度洋有放手处理一切的权力，而哥伦布在大西洋以西所发现的陆地可以随便行事。

哥伦布第一个横渡了北大西洋，穿越热带和亚热带海域；他第一个进入了"美洲地中海"；他发现了全部的大安第列斯群岛；奠定了发现美洲西方新大陆的基础。他的航行活动为世界地理学做出了重大的贡献。

发现太平洋

在哥伦布发现新大陆后十几年，1510 年秋，一个西班牙律师恩西索受西班牙国王之命，去接管美洲新大陆上的一个殖民地，并运送一批殖民者和供应品到那里。这个殖民地位于巴拿马和哥伦比亚之间的乌腊巴湾东岸。船队扬帆出发了，恩西索站在旗舰的船头，眺望着远方。突然，他发现不远处的甲板上站着一个满头红发、刚健有力的陌生青年。他是谁？他是怎样上船来的呢？

原来，这个青年名叫巴波亚，出身于西班牙一个有名望的家庭，他生性好斗，热衷于骑马、击剑和探险。可他挥霍无度，很快花光了所有的财产，而且负债累累。当恩西索将率船队西进的消息传来时，巴波亚喜出望外，决心利用这个机会到新大陆去谋求新的生活，并借此摆脱债主的纠缠。为了达到目的，他暗地里买通了恩西索手下的几名水手，带着爱犬钻进一只空酒桶里，被运上了船。

当恩西索了解了这一切，怒不可遏，坚决要把巴波亚放逐到荒岛上去。那几个得过巴波亚好处的水手，这时出来替他说话了。他们说巴波亚是个了不起的剑术家，他和他的那只猛犬，一定能在与印第安人的战斗中发挥作用。再说，他曾到过新大陆，对那里比较熟悉，对探险一定会有好处的。这样，恩西索才勉强把巴波亚留了下来。

船队很快来到了乌腊巴湾。恩西索率领一部分水手首先登岸，然而，见到的只是一片焚烧后的废墟和数不清的西班牙人尸体。从尸体

巴波亚行贿上船

　　上插着的箭头可以看出，他们是被印第安人的毒箭射死的。

　　恩西索面对着这悲惨的景象，束手无策。这时，巴波亚站了出来，得意地告诉大家，他知道海湾的另一边有一个很富足的村子，那里的印第安人很好客，而且是唯一不使用毒箭的部落。这番话，使人们重新看到了希望，也使巴波亚赢得了大家的信任。

巴波亚带队横渡乌腊巴湾，找到了那个富庶的村子。不一会，村子里的印第安人扶老携幼地前来欢迎，并给他们送来了各式各样的礼物。但西班牙人最感兴趣的是印第安人那随处可见的黄金。在证实了这里的印第安人所使用的箭头的确是没有毒之后，恩西索的脑海里开始酝酿用武力征服这些印第安人的计划，企图迫使他们无偿地耕种、开采金矿。

但巴波亚反对恩西索的这种打算。他认为探险队初来乍到，应该与印第安人交朋友，取得他们的信任，让他们自愿地帮助探险队做事。巴波亚老练、圆滑的手段得到多数人的拥护，很快又赢得了印第安人的好感。酋长也皈依了基督教，他不仅动员自己的部落供给西班牙人食物、黄金和劳动力，而且说服邻近的部落也如此效法。他还仗着西班牙人的优良武器，与探险队联合起来对付敌对的部落。这样一来，远远近近的部落几乎都被西班牙人控制了。

巴波亚的威信越来越高，只会躲在书房里刚愎自用的恩西索很快招来了众人的反对。在一次选举中，巴波亚成了殖民地领袖，而恩西索却被抛弃了，他怀着满腔的怨恨，悄然返回西班牙去了。

经过几个月文明的掠夺，殖民地已初具规模。但巴波亚并不满足，他要使殖民地日愈扩大。他带着100多名西班牙殖民者继续向前进发，不久，他们来到了科摩格拉，在这里，巴波亚和他的同行者第一次见到了梦想中的世界：在酋长的宫中，房顶上挂着金面具，地上铺着金砖，盛菜的是金盘，斟酒的是金杯。西班牙人不由得欣喜若狂，连忙询问那金子是从哪里来的，什么地方有丰富的金矿。

酋长手指着南方，告诉探险队：在南方的群山背后，有一个大海洋，在布满珍珠的彼岸，有一条饱含着金砂的河流。巴波亚想，那一定就是富庶的中国和印度，而那个海洋一定就是传说中的南海。一定要想办法去到那里。

于是巴波亚率领众人离开科摩格拉返回原驻地，为远征作准备。他立即派船回西班牙求援，同时带去一批黄金和珍珠献给国王，告诉国王自己要去进行更艰苦的远征，去寻找更多的黄金和珍珠。国王当即给他运来了粮食和其他物品，还封他为巴拿马一带的临时总督。

为了实现自己的梦想，巴波亚率领90多名殖民者、数百名印第安搬运夫和一群猎犬，直奔巴拿马海峡。他们攀登巴拿马的丛山，穿过黑暗的原始森林，淌过沼泽，渡过大川，于1513年9月25日来到一座光秃秃的高山脚下。

印第安向导停下脚步，告诉巴波亚前面无路可走了。巴波亚关照大家休息，自己带着爱犬，沿着陡峻的山坡攀上山顶，极目远眺。这时，一望无际的蔚蓝色的大海洋突然展现在他的眼前，一片粼粼波光。

这就是大南海！巴波亚立即跪倒在地，向着天空举目伸臂，感谢仁慈的上帝指引他——第一个欧洲人，见到了新大陆彼岸的海洋。他领着全体部下向苍天、大洋起誓，用生命保卫这些西班牙王室的海洋和土地，然后在海边的许多树干上刻上了"十"字。巴波亚命令记下所有探险队员中西班牙人的名字，要让后人永远纪念发现大南海的第一批基督教徒。

其实，这个"大南海"就是中国和其他许多国家的航海家们早就熟悉的太平洋。但巴波亚的发现在欧洲人的海洋发现史上占有重要地位，为以后麦哲伦完成环球航行起了指引作用。

历史上的第一次环球航行

　　1505 年 3 月的一天，担负着重大使命——彻底征服东方的葡萄牙第一支武装舰队，在里斯本港口举行了隆重的起航仪式。在祭坛旁举手宣誓效忠于国王的 1500 名军人中间，跪着一个 24 岁的青年，他就是当时默默无闻的费尔南·德·麦哲利扬什（F. de Magellan，1480～1521），史称"麦哲伦"。虽然他出身于贵族家庭，但作为 1500 名普通士兵中的一员，在这次远征印度的航行中，他不会受到任何特殊的礼遇。什么活都派他去干，暴风雨时他得收帆、排水；今天派他去攻城，明天让他顶着烈日在工地上挖沙子。他搬运货物，看守商站，在海上和陆地上作战；他必须学会灵巧地使用测深锤和长剑，学会服从命令和传达指示。由于他无所不干，而且逐渐开始对他从事的一切工作进行观察和思考，终于成了一个多面手：他是军人、水手、商人，又是熟知各类人物、各个地区、海洋和星座的专家。在印度的这几年，对于这位未来的伟大航海家来说，成了一个必不可少的学校。

　　然而，八年以后，当麦哲伦满身伤痕、跛着一条腿回到葡萄牙请求国王给他一官半职时，却被赶出了宫廷。于是，在麦哲伦人到中年、穷困潦倒时，祖国抛弃了他，但同时也免除了他对祖国的一切义务。从此，这位个子不高，蓄着硬撅撅的大胡子，目光锐利逼人，生性冷漠、矜持，寡言少语的男子汉，不得不放弃了葡萄牙国籍，舍弃尊贵的姓氏麦哲利扬什，在绝望之余投奔另一强国、葡萄牙的敌人——西班牙并为其服役。他坚信，只有这样，他才能完成自己不朽的事业。

麦哲伦昂首进入西班牙国王宫廷，满怀信心地宣称："大西洋和太平洋之间有一个海峡。我对此深信不疑，而且我还知道它的位置。请给我一支船队，我将告诉你们海峡在哪儿，并且我要从东到西环绕整个地球一周！"

由于这项建议对于西班牙宫廷极为有利，他们可以从中获得巨额利润，因而经过为时不久的讨价还价，麦哲伦的一切要求全部得到满足，而且国王还批准他享有在尚未勘察过的海洋上开拓土地的专有特权。终于，在经过了一年多的充分准备之后，麦哲伦克服了重重困难，率领一支由五艘船只组成的船队启航，同时，麦哲伦在诸事停当之后，出面写好了自己的遗嘱，他不能不考虑到这次航行的一种可能的结局，那就是一去不复返。

1519 年 9 月 20 日黎明，船锚在辘辘声中升起，蓬帆鼓满了风，炮声轰鸣——这是向逐渐消失的陆地告别致意，然后驶向东方、驶向那个满是黄金和香料的神秘的世界。人类史上一次伟大的旅行，一次最冒险的远航开始了。

这次远航困难重重。横渡大西洋时，一个由国王任命的督察、麦哲伦不共戴天的敌人开始活动，向麦哲伦提出挑战，拒不接受他的领导，麦哲伦思考再三，逮捕了这个官吏；由于判断失误，他们在茫茫大海上陷入困境，两个月里，船员们几乎每天都得同飓风搏斗，但顽强的麦哲伦依然命令船队继续前行；远离祖国、疲惫不堪却得节粮减酒的士兵牢骚满腹，终于有几个军官夺取了一只最大的船只，以此抗衡，而麦哲伦凭着他的勇敢、智慧和冷静一举平息了叛乱；不久以后，派出去侦察的一艘快速船又被撞碎，造成了无法弥补的损失。然而这时，时间已经过去了整整一年，麦哲伦一事无成，什么也没有发现。

也许，正因为航行如此艰难，幸福的结局才显得更加美好。1520年 10 月的一天，麦哲伦获得辉煌胜利的时刻终于来临，他找到了大西

洋与太平洋之间的海峡，四艘大船有史以来第一次缓慢地驶入了这个
人迹未至的海峡。麦哲伦把它命名为"万圣海峡"，后人为了纪念他，
又改为"麦哲伦海峡"。三天以后，船队驶出了海峡而进入了太平洋。
当船员们欢呼起来时，麦哲伦，这个从不流露自己感情的硬汉子有生
以来第一次，也是唯一一次流下了热泪，正是他第一个实现了无数前
人梦寐以求的幻想：他找到了通向另一个前人不知的海洋的航路。这
一时刻对他一生做了正确评价，使他从此千古流芳。

　　这是麦哲伦的胜利时刻，也是他的灾难时刻，一个军官挟持一只
船逃走，并带走了探险队的大部分备用口粮。留下来的船舰缺粮断炊，
行驶在一望无际的海洋上。当时还无人知道，太平洋比大西洋宽得多
（由于航行时风平浪静，他便把这个大洋称为"太平洋"，一直沿用至

麦哲伦

今）。水手们忍饥挨饿，拿桅杆上的皮带充饥，船队坚持向前航行。这时，他们只有一个信念：横渡太平洋。

1521 年 3 月，探险队到达了菲律宾群岛上一个无名小岛。当半裸体的岛民们将船员团团围住时，麦哲伦心中豁然开朗：他的目的已经达到。12 年以前，他曾由这个地区往西航行，而现在，他又从东方进入了马来亚语地区。几千年来哲人贤者的推论，博学之士的设想，现在由于麦哲伦的英勇顽强精神而成了颠扑不破的真理：地球是圆的，因为有一个人绕地球航行了一周！

然而，一个月后，在马坦岛同一群赤身裸体的岛民的小冲突中，这位历史上最伟大的航海家却毫无意义地牺牲了，没有留下任何一点遗迹，连一座坟墓都没有。失去了麦哲伦这样一个真正的统帅和经验丰富的领导，船队顿时成了群龙无首，剩下的三艘船沉的沉，坏的坏，只有一只已经破旧不堪的帆船和 18 个人在 1522 年 9 月回到了西班牙。这时，已经没有人还记得这艘三年前远涉重洋的船。隆隆的礼炮声在港口响起，它们是在迎接这艘历尽艰辛的船。

投影法与地图

自地理大发现时代以来，源源而至的新资料和无数财富，使欧洲人迅速看到了一个新奇而富饶的世界，也使学者们开始试图逐步地对潮流般涌来的新材料加以消化，并做出科学的归纳，以便在世界地图上确定海陆的轮廓。

如何在一张平铺的纸上，表示出整个或部分地球的球状表面？这个艰巨的任务落在了制图学家的肩上。在大发现时代初期，用新资料绘制地图的制图学者的名单有一长列。但是，他们绘制的这些地图并不太适用于航海，因为探险家们发现，如果按照这些地图上的直线远航时，他们并不能达到预定的地点。

于是，人们开始寻找各种能在平纸或羊皮纸上表示地球曲面的新投影方法。1530年，德国的阿皮昂（1495～1552）绘制了一幅心脏形的世界地图，在这张图上经纬线都是曲线，但在这个投影上，距离和方向却是大为歪曲了。而且，尽管阿皮昂介绍了许多有关世界地图的绘制和使用的基本知识，但却丝毫没有叙述自己所运用的投影制图法的精确细节。

老师绘制的世界地图没能被广泛接受，学生杰拉德乌斯·麦卡托（G. Mercator，1512～1594）接过了阿皮昂的工作，继续研究如何用投影法更好地绘出地球形状。说起麦卡托，他还有一段颇为坎坷的经历。麦卡托生于1512年，他父亲是一个贫穷的鞋匠。父亲没有钱供他上大学，这时一个伯父慷慨解囊，并且亲自把聪慧过人的麦卡托送到了卢万大学。麦卡托喜爱哲学，大学毕业后曾一度从事自然哲学的研究。然而，哲学家的生活是清苦的，有时甚至无法养家糊口。为了生计，他不得不从亲友处筹得一笔为数不多的资金，自己开了一家小工场，专门制作科学仪器和镌制地图印版。开工场虽仍不能发财致富，但毕竟是有了一个比较安稳的生活条件和工作环境。

麦卡托成了一个靠手艺吃饭的劳动者，但他仍念念不忘读书学习。在工作之余，他跟随卢万大学的一位教授学习数学。经过一段时间的努力之后，他自己也获准给学生讲授数学，成了一位大学教授。扎实的数学基础，为他后来成功地绘制世界地图创造了条件。

作为一位仪器制造家，麦卡托成绩卓著，他制作的仪器都是精美无比的，有些甚至成了查理五世皇帝的心爱之物，并因此得到了皇帝的资助。但遗憾的是，他的制品一件也没有留传下来。不过，真正显示出他的卓越才华的，还是他亲手绘制和镌版的地图。尽管这些地图的原版现在几乎已经荡然无存，但在当时它们很快就被公认为是最精致的地图。而且，他还有一个难得的好习惯，那就是在每次动手绘制地图之前，他都要亲自去做大量艰辛的实地考察。因而经他绘制的地图往往都比较准确可靠。

麦卡托以他在 1569 年绘制的世界地图最为著名。这幅世界地图从北纬 80° 到南纬 66°30′，尺寸为 2 米×1.32 米，是当时唯一一张适用于中纬度和低纬度航海的地图。它是用麦卡托命名的投影法绘制的，这种方法是他对地理学的最大贡献。在这种投影图中，赤道是一条直线，相继的子午线是与赤道垂直的等距平行直线，纬线为垂直于子午线的直线。在地图上两极区域附近，各条相继的纬线隔得较开，因此在任何区域里，纬度都按与经度一样的比例夸大。

利用这种投影，罗盘方向可以用直线来表示，航海者不必把他们的航程画在曲线上，这就非常符合当时航海探险的需要。但是，按照这种投影法，在一幅平铺的地图上，一条直线并不是两点间的最短距离，除非是在赤道或某一条经线上，不懂数学的水手们对于这一点难

麦卡托的世界地图轮廓

以理解，再加上这张地图上没有详尽标出海岸线，因此在一段时间里麦卡托的地图并没有被广泛采用。

到了1599年，一位英国的地理学者赖特想出了一个简单但却不正确的解释来说明麦卡托地图。他说，设想有一个气球用它的赤道紧贴在一个空心圆柱的内壁，气球上画了经纬线。把气球吹破，气球表面就和圆柱内壁接触，经线以直线形式在圆柱内伸展，而纬线则按比例分别伸展。当然，高纬度的纬线将射出圆柱的顶部，而两极根本没法表示。这是一个机械的、非数学的说明，能对大多数不懂数学的人们讲清楚这种投影是如何搞出来的。这样，直到1630年，麦卡托投影法才替代了所有其他的投影，直到今天，它仍然是适用于低纬度和中纬度航海的唯一投影法。

其实，麦卡托并不是第一个运用这种投影原理的人。早在1511年，纽伦堡的埃茨劳布就画了一张欧非地图，范围直到赤道，他在这张地图上把纬线和经线按比例放大了。麦卡托是否知道这事，我们无从了解。然而，麦卡托的确是为16、17世纪的航海探险解决了一个大难题。

魔鬼探险家

哥伦布发现新大陆以后，西班牙的冒险家纷纷涌到美洲。他们屠杀当地的印第安人，掠夺金银财宝。一时间，西班牙垄断了欧、美、非洲之间的"大三角航线"上工业品、黑奴和金银的运输，成为 16 世纪的海上霸主。

而这时在英国，伊丽莎白女王刚刚继位，这个才智过人并且雄心勃勃的非凡女性，深知作为狭窄岛国的英国，它只有向海外扩张，才能获得足够的资金来发展本国的经济，于是女王毅然下令开发英吉利海峡诸港，鼓励英、法、荷兰的探险家们挤进"大三角航线"去与西班牙争利。

德雷克（1540～1596）就是这些最早去海外谋取暴利的英国冒险者之一。他于 1540 年出生在英国西海岸的一个农民的家庭。幼年时由于受到宗教迫害，他沿着泰晤士河到处流浪，锻炼了坚强的意志。十几岁时，德雷克开始在沿海航行的小船上当伙计，做小工，学习航海术，后来老船长去世，就把小船留给了他。到 20 多岁时，德雷克就远航西非和美洲的海域，探索金银之路，同时也开阔了眼界。

经过几次出航，德雷克得到了许多的财富。伊丽莎白女王见他才干出众，就亲自出面组织了一个由贵族和商人合股集资的大船队，交给德雷克指挥，名义上是去进行地理考察，而严格保密的真实目的是为利马港的金银而去。就这样，1577 年 12 月 13 日，德雷克率领 160

名船员，驾驶着五艘帆船，由英国普利茅斯港起航了。船队中最大的是 100 吨的塘鹅号，最小的才 15 吨。

在阿根廷附近的海域上，船队遇上了风暴，两艘给养船被损坏，无法继续远航。德雷克便下令把它们毁掉，人员和物质统统集中到另三艘船上，做好闯过被称为"杀人海峡"的麦哲伦海峡的准备，并且把塘鹅号改为了金母鹿号。

麦哲伦海峡果然凶险无比，三艘英国船顺着刺骨寒风，在陡峭的两岸间行进，艰难地走了 16 天。可是，一进入太平洋，船队立刻被狂风恶浪袭击，三艘船互相失散，一艘撞在悬崖上沉没，另一艘躲回海峡，苦等两个月不见金母鹿号，便驶回英国去了。

金母鹿号被持续了 50 多天的风暴带到了南纬 57 度的大海上。在这里，德雷克却发现火地只是一个岛，而不是美洲大陆南端的"南方大陆"的一部分。后来，为了纪念这位第一个来到这里的航海家，人们就把这片海峡命名为"德雷克海峡"。

这天，智利的港口上停着一艘西班牙大船，全体船员已设下了酒席，在欢迎金母鹿号的到来。西班牙人把太平洋称为"南海"，把它看成是最安全的内海，海岸都不设防。因此这些西班牙船员们做梦也不会想到他们所欢迎的竟是英国船，而不是新来的本国船。上得船来，化装成西班牙人的英国船员们便抽出利剑，把船上的金银、美酒抢劫一空。

德雷克指挥着金母鹿号终于来到了利马港，然而他却得知这里的金银早在半个月前就已被一艘西班牙船运往巴拿马去了。德雷克下令立刻追赶，并宣布：第一个看到那条船的船员，可以得到一条金项链的奖赏。

有此重赏，船员们无不兴奋异常。他们咬紧牙关，不知疲倦地足足追赶了 12 个昼夜。这一天清晨，正在酣睡的船员们突然被一阵叫声惊醒，原来，在大桅上瞭望的船员发现在北方水天相接的地方有一点炫目的白光：果然追上了那艘满载财宝的西班牙船！

西班牙人见后面有船追来，以为是本国人有事要联系，特意放慢速度等候。忽然，几声炮响，箭如雨下，东躲西藏的西班牙人还没弄清是怎么回事，就被英国人俘虏了，船上的 12 箱金币，80 磅金块，26 吨白银和好几堆奇珍异宝，也都成了英国人的战利品。自从 1531 年毕萨罗征服印加帝国以来，西班牙人掠夺秘鲁已近 50 年了，然而这时，他们的海上霸主地位却似乎开始被动摇了。

为了避免西班牙人的袭击，让满载金银的金母鹿号平安返回，德雷克决定横渡太平洋，取道印度洋回国。于是，金母鹿号沿着麦哲伦走过的航线，一路西行，终于在 1580 年 9 月 26 日，完成了麦哲伦以后的第二次、也是英国人的第一次环球航行，进入了普利茅斯港。德雷克这次环球航行，带回的财富超过 150 万英镑，几乎相当于国库四年的收入。伊丽莎白女王笑逐颜开，亲自登上金母鹿号慰问德雷克，并封他为爵士。从此，英国这个新兴的殖民国家，就在世界的历史舞台上粉墨登场了。

伊丽莎白女王对德雷克更加信任和器重。因为西班牙的海上霸权是英国扩大海外贸易的最大障碍，扰乱航路，掠夺西班牙的殖民地，扩大英国海上势力，已成为英国的国策，而德雷克正是猛打猛冲的先锋。从 1585 年起，德雷克又几次奉命率军舰出航，攻城掠地，抢劫商船，一度切断西班牙殖民地进贡的航路，给对方造成了巨大灾难，从而动摇了西班牙的经济力量和备战计划。同时，在德雷克的建议下，英国海军发明出一种轻装、快速和射程远的战舰，用以对付庞大、笨重的西班牙无敌舰队，很快就冲垮了敌人的编队，获得了历史性的胜利。从此，西班牙的海上霸主地位一蹶不振。

德雷克于 1596 年去世，遗体就葬在他曾无数次作战、掠夺和享誉的海上。他虽然有"海盗船长"、"魔鬼航海家"等极不光彩的一面，但他是英国第一个环球航行的航海家，在英国航海史上占有重要地位。因此，英国人把他视为民族英雄，永远纪念他。至今仍有用金母鹿号的木料做成的桌椅，保存在伦敦博物馆和剑桥图书馆里；德雷克在普利茅斯附近的住宅，被列为德雷克纪念馆。而在1980年德雷克环航全球400周年的日子，人们乘坐复制的金母鹿号，沿着当年德雷克经过的路线航行，更是表达了英国人对这位400年前的冒险家的深深怀念之情。

技术篇

流芳百世的圣彼得大教堂

在意大利，文艺复兴的最伟大的纪念碑是圣彼得大教堂，因为它集中了 16 世纪意大利建筑、结构和施工的最高成就，在一百多年的建造过程中，意大利最优秀的建筑师都主持过它的设计和施工，进步的人文主义思想同宗教神学进行了尖锐激烈的斗争，而这场斗争的过程，又生动地反映了意大利文艺复兴的曲折，反映了全欧洲重大的历史事件，反映了文艺复兴运动的许多特点。

圣彼得大教堂是整个天主教世界的最高教堂。1506 年，教皇朱理二世下令拆除旧的圣彼得教堂，建造一个新的大教堂，以宣扬教皇国的统一宏图，表彰他自己的功业。而且他打算把自己的墓放在这座教堂里，"要用不朽的教堂来覆盖我的坟墓！"

经过竞赛，教廷选中了布拉曼特（D. Bramante，1444～1514）的设计方案，并任命他为圣彼得大教堂的总建筑师。布拉曼特在文艺复兴盛期那种基于外敌侵略，渴望祖国独立统一，因而缅怀古罗马的伟大光荣的社会思潮推动下，立志要建造亘古未有的伟大建筑物，使之成为一座时代的纪念碑。为此，布拉曼特把大教堂设计成为以大穹顶为中心的希腊十字式，型制十分新颖。然而，这个方案的宗教意义却十分淡漠，他没有设计祭坛，没有给信徒、神职人员乃至唱诗班安排一个位置。

到了 1514 年，新教堂还造得不多，而布拉曼特却去世了。从此以后，教堂的建造经历了曲折的过程。

新的教皇任命了新的工程主持人——著名画家拉斐尔（S. Raffaello，1483～1520），并且要求他修改布拉曼特的设计，新教堂必须利用旧拉丁十字式教堂的全部地段，尽可能多地容纳信徒。驯顺的拉斐尔对教廷作了妥协和让步，他抛弃了布拉曼特的先进设计，依照教皇的意图改为拉丁十字式的新方案。拉丁十字式型制象征着耶稣基督的受难，它最适合天主教的仪式，富有宗教气氛，同时，它代表着天主教极盛的中世纪的传统。

然而，工程没做多少，发生了两件大事。教会为了聚敛建造圣彼得大教堂的资金，向信徒发售所谓的"赎罪券"，这引起了信徒的反抗，成了1517年德国宗教改革运动的导火索，因而教会派兵大肆镇压。另外，1527年，西班牙军队一度占领了罗马，他们勾结天主教会，迫害一切新思想和新文化。因此，在罗马，天主教的反改革时期开始了，遍地燃起了宗教裁判所熊熊的火刑柱。

圣彼得大教堂的工程在混乱中停顿了20年，1534年重新进行。又有两位著名建筑师相继主持教堂的建造工作，但仍未使整个工程取得重大进展，倒使他们的新设计显现出天主教猖狂的影响。直到1547年1月，教皇保罗三世任命多才多艺的米开朗琪罗为大教堂总监后，情况才发生了重大变化。

米开朗琪罗（B. Michelangelo，1475～1564）是一位著名的雕刻家、画家、建筑师和诗人。他当过石匠，亲身参加过佛罗伦萨人民保卫共和制的武装起义，他的艺术含有英雄主义的崇高美，具有高昂的爱国主义激情。而这次，他同样是抱着要使古代希腊和罗马的建筑黯然失色的雄心壮志着手工作的。凭着巨大的声望，米开琪基罗与教皇相约，他有全权决定方案，甚至有权决定拆除已建成的部分，如果他认为必要的话。

作为文艺复兴运动的伟大代表，米开朗琪罗抛弃了拉丁十字型制，基本上恢复了布拉曼特的平面，并亲自设计了教堂的庞大中央弯窿顶。他设计的这一圆穹顶，气势雄伟，轮廓优美，穹顶直径 41.9 米，内部顶点高 123.4 米。圆穹一侧有狭窄的"之"字形阶梯，共有 333 级台阶，由此登顶可俯瞰罗马全城。穹窿顶外部采光塔和十字架尖端高达 137.8 米，是罗马全城的最高点。要创造一个比古罗马任何建筑物都更宏大的建筑物的愿望终于实现了！

据专家研究，这个 137.8 米的高度并不是随意而定的。因为当人站立平视时，以视线为地平线，17 度仰角以内的物体无需抬头就可尽收眼底。在这里，一踏进大教堂前的广场，几百米远处的穹窿顶上的十字架正好在 17 度角以下，由此可见米开朗琪罗那对数学和人体解剖学有很深的造诣。

米开朗琪罗为圣彼得大教堂的壮丽外观做出了杰出的贡献，这个圆穹顶的设计成功，完全与他那作为雕刻家和爱国主义者的性格相吻合。1564 年 2 月 18 日，正当圆穹直立部分完工而将收拢顶部时，89 岁的米开朗琪罗与世长辞。但是，他设计的这个圆穹对欧洲产生了深远的影响，成为 17、18 世纪建筑师的范本。

可是，到了 17 世纪初，全欧洲的封建势力和天主教会对新兴资产阶级的宗教改革运动和文艺复兴运动进行了野蛮的镇压，而且教廷还特意规定，天主教堂必须是拉丁十字式的。于是，教皇命令拆去已经动工的米开朗琪罗设计的正立面，在希腊十字前又加了一个中世纪式的大厅。这样一来，圣彼得大教堂的内部空间与外部形体的完整性都受到严重的破坏。在教堂前面，一个相当长的距离内，都不能完整地看到穹顶，穹顶的统率作用没有了。圣彼得大教堂遭到损害，标志着意大利文艺复兴建筑史的结束。

尽管遇到损害，但圣彼得大教堂依然是空前地雄伟壮丽，这座开工于 1506 年，竣工于 1612 年的宏大建筑物，成为"人类从来没有经历过的最伟大、进步的变革"的纪念碑，是文艺复兴建筑史的最后一个纪念碑。在文艺复兴光辉的建筑成就面前，中世纪的阴影荡然无存。

圣彼得大教堂外景

科学发明的伟大先驱——达·芬奇

一提起列奥纳多·达·芬奇（L. Da Vinci，1452～1519）这个名字，人们立刻就会想起那以神秘的微笑征服人类达四个多世纪的《蒙娜丽莎》，那每一个形象都栩栩如生、好似呼之欲出的《最后的晚餐》。可是，你是否知道，这位世界画坛的一代宗师在自然科学领域也做出过惊人的贡献呢！

从孩提时代起，达·芬奇就天资聪慧，勤奋好学，兴趣非常广泛。我们大家都非常熟悉达·芬奇画蛋的故事，可以说，如果没有这种严格的基本训练和自身的刻苦钻研，那么，达·芬奇日后就不可能为世界艺术宝库留下那么多价值连城的珍品，也就不可能在医学、解剖学、生理学、数学、力学、光学、物理学、化学、植物学、动物学、生物学、天文学、地理学、地质学、军事科学、宇宙学、机械学、水力学、土木工程学、水利工程学和城市工程学等诸多领域内成就卓著，在技术方面也有许多重大的发明和革新。

达·芬奇总是把笔记本和笔系在裤腰带上，凡有新的见闻、思考、启示和问题，他都随时笔录下来，生怕有任何遗漏和疏忽；为了磨炼自己的技艺，他曾不顾教会的禁令，亲自解剖尸体 70 多具，研究解剖学前后长达 40 余年之久；他和米兰学者广泛交流，向巴费亚学院的教授们学习，从而扩大了他的视野；他还实地考察过伦巴第的水利工程建设，仔细研究了米兰的冶金技术，大大丰富了自己

达·芬奇设计的纺车

的科技知识；他不盲目崇拜古代的权威和古典著作，而是向大自然学习，向自然界本身寻求知识和真理。达·芬奇有一个最突出的特点，就是对宇宙怀有无穷的疑问和不倦的求知精神，因而使他能够在不同的学科中都有重要的发现，遗留下数以千计的机械设计图，包括滚子链这样惊人的发明和自动纺织机的几乎完善的设计，从而成为科学发明的伟大先驱。

据专家研究，达·芬奇在军事科学方面的成就已达到了第二次世界大战时的水平。他发明了机关枪、坦克车、潜水艇和双层船壳战舰，这种战舰外层被击中后仍能浮在水面上。他发明了一种蛙人潜水衣和潜水呼吸器，解决了在水下较长时间停留的问题。他甚至还可以铸造一座有33个炮身、一次可同时发射11颗炮弹的大炮，并把炮口填装改为炮尾填装。他还是飞机发明的先驱者，他仔细研究了鸟为什么能

达·芬奇设计的扑翼式飞机

飞起来，最早设想的飞机像一只蜻蜓，机翼能扑动。他打算用螺旋桨启动，并把它安装在机身上方。他曾制作过滑翔机，并亲自试飞。意大利人民为了纪念他在首创飞行器方面的贡献，在罗马国际机场的候机厅广场上为他建立了手拿飞机模型的巨大雕像。最令人吃惊的是达·芬奇还计划建造大巡洋潜水艇，只是由于他担心这种秘密一旦泄露给居心险恶的人，会使他们"在海底做起暗杀的勾当来"，因此他才把计划毁了。

关于物质的原子理论学说，他也有预见，曾十分生动而又形象地向人们描述了原子能量的威力："那东西将从地底下爆起……使人在无声的气息中突然死去，城堡也遭彻底毁坏，看起来在空中似乎有破坏力。"这种描述与今天我们所知道的原子弹的爆炸是多么地相似！而其间却相隔了 400 年之久！

达·芬奇是用蜡来表现人脑内部结构的开创者，也是第一个设想用玻璃和陶瓷制作心脏和眼睛活动模型的学者。他绘的人体解剖图不但精细准确，而且还是非常出色的艺术品。他发现了血液的功能，认为血液不断地改造全身，把养料带到身体需要的各个部分，并把废料带走，好像一座火炉，既要添柴，又要除灰一样。他研究过心脏的肌肉，发现心脏有四个腔，并画出了心脏瓣膜。他还用水的流转来比喻血液循环，已具有了血液循环的观念。达·芬奇在生理学方面的贡献，一个多世纪后为英国的威廉·哈维所证实和发展。

达·芬奇是 1519 年 5 月去世的，终年 65 岁。他给人类留下了一大笔精神财富。除了艺术作品，还留下了七千多页手稿，文字中夹插着各种图形，如建筑设计、人体解剖、各种植物的花与叶、几何图、机械图之类，还有计算式。达·芬奇是从实用方面接近科学的，为了满足他对各种技艺的需要，他才去做实验。晚年，他对知识的渴求胜过对艺术的爱好，凡是与人类生活有关的事情，无不引起他的兴趣和钻研。他是世界上第一个把艺术创作和科学知识完美地结合起来的人。他的每一幅画都运用了许多科学知识，所以他的作品完美动人。而他在自然科学方面的探索和发现，都为后来的科学家哥白尼、伽利略、哈维、牛顿等人的发明和创造开辟了道路，达·芬奇因此被誉为"旷世奇才"。

显微镜的出现

在很多年以前，当挖掘古代亚西里亚的遗迹时，考古学家们曾发现了一个制作得很粗糙的会聚性透镜，由此便断定透镜的历史相当久远。而且，有不少的资料中都记载着到公元 1 世纪时，人们就已经知道，在一个空心的玻璃球中装满水后，便可以用来观察难以用肉眼辨认的东西。然而，真正有实际用途的放大工具却是到了 16 世纪晚期才发明的。

还在中世纪的时候，荷兰研磨玻璃和宝石的技术就已经很发达了。而到了 16 世纪末，眼镜透镜制造业更是已成为一个十分健全的行业，全国各地都有着数不清的眼镜店和磨镜工。他们以此为生，辛勤工作，精心地磨制各式各样的透镜和眼镜，为那些富豪巨贾们提供鉴别印度宝石的最好工具，也为那些长年累月伏案而读的学子们解决无法再极目远眺的难题。

在米德尔堡城中一个毫不显眼的角落里，也有这样一位眼镜制造者，他名叫詹森（Z. Jansen，1560～1643）。詹森曾在一个比较大的眼镜商那里当过好多年的学徒，他心灵手巧，肯下工夫，没过多久就掌握了一手卓越的技能。后来，他离开眼镜商，自己办起了一个小小的眼镜店。他有技术，又有良好的信誉，因此他的这个小店一直办得红红火火，每日里总有很多的顾客来订货。

1590 年的一天，詹森正在店里忙着给一位说要早取货的老人磨制

小孩透过玻璃看被放大的蚂蚁

眼镜。他的儿子小詹森见父亲忙得顾不上管他，便趁父亲不注意时从工作台上拿了几块玻璃片，然后溜到后院去玩。这时已是下午，天气闷热无比，仿佛预示着暴雨就要来临。小詹森坐在草地上，他知道用玻璃镜可以取火，便把刚从父亲那里偷来的镜片对准那一队长长的蚂蚁。调皮的小詹森想烤焦那些正在忙着搬家的小蚂蚁。突然，他被镜片中出现的影像吓住了：蚂蚁没被烤焦，却变成了一个庞大的怪物！小詹森扔掉手中的镜片，大叫着跑回店里。詹森见儿子拿了自己的镜片，有些生气，可又不知发生了什么事，便跟随儿子来到后院，结果他也看到了那个奇怪的影像。一时间，詹森气恼全消，只是感到莫名其妙。这可是一件从未见过的事。

回到店里，詹森就开始悉心琢磨。他把所有类型的镜片都取出来排在桌上，一一试过。结果，他发现，把一个凹透镜放在眼前，再把一个凸透镜放在要看的东西前，然后通过两个镜片看去，物体就会被

184

放大很多，一枝一末都显得格外清晰。可是，老是用手举着两个镜片向四处观看，又很不方便。于是，詹森就做了一个大约 18 英寸长的圆筒，然后把两个直径约 2 英寸的镜片分别装在两端，这样就可以把放在支座上的小物体放大了很多倍来看。

在米德尔堡科学协会至今还保存着一架由詹森制造的这种复显微镜。当然，我们今天所使用的复显微镜已经不同于它最早的构造了。但是，詹森的发明为人们观察微观世界提供了一个很大的启示。早在 1610 年或更早的时间，伽利略就根据詹森镜的原理，研究了昆虫的运动器官和感觉器官，还观察了昆虫的复眼，他大概是最早把复显微镜用于科学工作的人。

显微镜一出现，立即掀起了用显微镜观察微小物质的热潮。其中，使显微术流行开来并得到很好改进的是另一位荷兰人列文虎克（A. von Leeuwenhoek，1632～1723）。他自己开了一个杂货店，同时又是市政厅的看门人，但他以极强的好奇心，学会了磨制和组合玻璃透镜的技术。他还掌握了一种制造显微镜的技巧，他制造的显微镜的分辨力远远超过了他的前辈。但是，列文虎克把他的磨制方法看作是不可出让的私人秘密，他只允许别人当着他的面使用他的显微镜，决不让这当时最好的工具脱离自己的掌握。为了制造玻璃透镜，列文虎克使用了最好的玻璃和水晶，最后甚至使用了金刚石。

如同列文虎克一样，意大利的马尔比基（M. Malpighi，1628～1694）也是科学显微镜的共同创造者之一。如果说列文虎克还是一个从未受过系统的自然科学教育的外行人，那么这位研究医学的马尔比基教授就称得上是一个真正的内行了。他能够很有计划地装配显微镜，有目的地选择观察对象。还有英国的胡克、荷兰的施旺麦丹，他们都对显微镜作了很多改进，从而为研究者开拓了新的领域，揭示了新的形态和多种多样的联系，满足了人们深入探明微观结构领域的需要。

在进入 17 世纪的时候，出现了显微镜，以后又随着时间的流逝逐渐得到改进。但是经过了数十年，甚至经过了两个世纪，显微镜仍是仅仅能观察到比较小的结构。而它的更进一步发展却是 18 世纪末、19 世纪初的事了。

风靡 17 世纪的巴罗克式建筑

　　到了 16 世纪末期，整个意大利渐渐处于衰退之中，而独有罗马教廷，因为得到西班牙的巨额贡奉而得以继续兴旺。因而使得全国的艺术家、学者和建筑师又一次向罗马教廷集中。

　　教皇们为了使从全欧各地来朝圣的人们惊叹罗马的壮丽，信服天主教的正统，所以就打算进行一些城市建设。于是，在罗马掀起了一个新的建筑高潮，大量兴建中小型教堂、城市广场和花园别墅。它们具有新的、鲜明的特征，开始了建筑史上的新时期。

　　因为这时期的建筑突破了欧洲古典的常规和文艺复兴时的特征，所以被称为"巴罗克"式建筑。巴罗克的原意是"畸形的珍珠"，而用在 16、17 世纪的建筑中，却专指拙劣、虚伪、矫揉造作的风格，其中又是以天主教堂为代表性的巴罗克风格建筑物。

　　教堂本该是简单而朴素的，但在这些巴罗克式教堂中，却大量使用贵重材料，大量装饰着壁画和雕刻，色彩艳丽，而且所触之处都是大理石、铜和黄金，显得珠光宝气。在文艺复兴运动和宗教改革运动之后，要想恢复中世纪的信仰已经不可能了，连教士和教皇本人也被世俗的文化所渗透。他们决不肯像耶稣基督所教导的那样"安于贫穷"，他们是人间荣华富贵最贪婪的追求者。在他们的眼里，连上帝都和世间的君主一样，爱好财富和享乐，可以用金银珠宝来炫耀。所以在巴罗克式教堂里，充满了富丽堂皇和各种赏心悦目的东西，它们的豪华气派甚至时时压倒了宗教的神秘气氛。

为了装饰自己的统治，17世纪的教皇们还仿效前辈和当时的世俗君主，以文艺保护者自居，广寻全意大利的文学、艺术和建筑人才。而在这些人的身上，文艺复兴时富有创造力、勇于进取的传统还没有泯灭，使他们不甘心于墨守成规。然而这时教会强大的统治力量，以及严惩一切"异端"的行动又使他们不得不谨小慎微，因而建筑师们纵使有巨大的才能，也只能是以"引起惊讶"为自己的任务，标新立异、前所未见的建筑形象和手法层出不穷，然而却过于奇诞诡谲，违反了建筑艺术的一些基本法则。

况且，尽管这时天主教的神秘主义甚嚣尘上，但文艺复兴的遗音余波，还是引起了人们对宗教的怀疑情绪。面对着教会的压迫，他们的心情郁积激荡，寻求抒发，于是就反映为巴罗克式建筑中不规则跳跃的节奏、体积和光影的奇幻变化、强烈的运动感和神秘感等等。

这时期从古罗马的遗迹中挖掘出很多使用曲线曲面的小建筑物，它们的风格，再加上由米开朗琪罗开创的、在文艺复兴晚期流行的追求新颖奇特的倾向，也对巴罗克风格的兴起起了推波助澜的作用。

因此，巴罗克式建筑充满了相互矛盾的倾向。全欧洲资本主义发展所带来的新世界观，对现实生活的爱好，对世俗美的追求，以及敢于独辟蹊径、创造新事物的精神，在巴罗克建筑中都有相当程度的表现。但同时，它的非理性组合、反常效果、不顾建筑的构造逻辑、不惜破坏局部的完整，却又往往使整个建筑物的形体破碎，起了恶劣的作用，因而才会被轻蔑地称为"巴罗克"。

巴罗克建筑发端于罗马城，但迅速传遍了意大利，传遍了西班牙，并且越过大西洋，传到了美洲殖民地，它所包含的不少富有生命力的新手法、新样式、新局部，被广泛使用在世俗建筑物中，长期流传下来。直到19、20世纪，不论风行着什么样的潮流，在欧洲和美洲的建筑中还多多少少都有着它那外部装饰的特征。而几百年来，对它的评价或褒或贬，差别之大，更是胜过了对任何其他一种建筑潮流的扬抑。

体温计、脉搏计的发明

    在读完前边的各篇之后，大家可以看出，近代科学的进步是与定量方法和测量各种物理量的科学仪器的应用不可或离的。医学的进步同样也取决于定量方法和适当的科学仪器的应用。到 17 世纪初时，像温度计、摆、天平这些仪器已经被发明，并且很好地应用在医学之中。

    然而，其中最耐人寻味的是，这些仪器的医学应用，主要都归功于伽利略的一位朋友——圣托里奥·桑克托留斯（1561～1636）。在他之前，甚至于在他之后的很长时间里，医学诊断一直是纯粹定性的。一个病人如果被诊断为"发烧"，当病情发生变化时，就说他热退了或者发热更厉害了，没有一种客观的测量方法来表示病人的这些症状和变化。同时，虽然人们已经知道脉搏的变化幅度很大，但也没有人以时间为单位来作测量，相反，却是凭着随意的想象来描述脉搏的变化，那时的人们也都普遍知道皮肤能排出人体的挥发物质，而且也相信健康或疾病与这些"看不见的排汗"有一定的联系。但，在桑克托留斯着手测量它们之前，从未有人试图这样做过。

    桑克托留斯是伽利略在帕多瓦大学时的同学。他受伽利略科学观的影响，认为应该用伽利略研究物理学的那种方法来研究医学，从此以后他就格外留意在自己的工作中创造或者引进一些可靠的测量方法。早在 1592 年，伽利略就发明了近代的第一个温度计。实际上，那

桑克托留斯的体温计

是一个空气温度计或者说是空气验温计，是利用空气的膨胀来测量温度。桑克托留斯在了解到伽利略的这项工作后，觉得很受启发。他想，这种温度计既然能测量空气的温度，那么也应该可以用来测量人体的温度。于是，他把一根玻璃管弯成蛇形，球泡状的一端放入病人的口中，另一端不封闭，插入一个盛水的瓶中。为了确定刻度，桑克托留斯先把这支温度计的泡分别放在雪和烛光中，以此来确定温度计的最低点和最高点，然后把这个温度范围平均分作若干等份，并用小玻璃珠对应着一一标在温度计上。于是，这个特殊的验温器就成了最早的体温计。当然，在我们今天看来，这是一个很粗糙的仪器，但它却是一个良好的开端。桑克托留斯用这种体温计发现了人体健康时的大概温度和患病时的体温变化。

体温计的发明，给桑克托留斯的医学研究工作带来了许多意想不到的好处，也更坚定了他发明新仪器、开创新方法的决心和信心。不久，他又首创了应用脉搏计来比较精确地测定脉搏率。其实，在古代人们就已经相信，脉搏可以看作是健康或者患病的一种症状，而且有人曾试图用水钟来测量脉搏率，但这种测量既困难又不可靠。桑克托

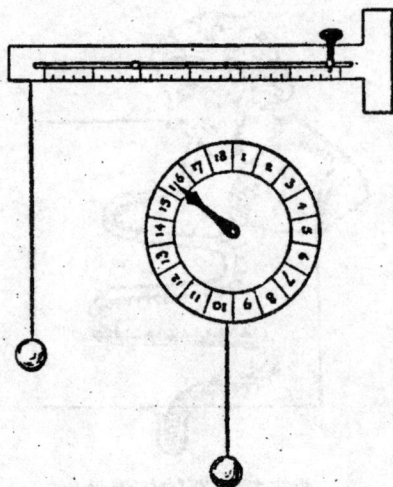

两种脉搏计

留斯设计的脉搏计是一个由一根长线悬着的铅锤，线的长度可以不断调节，直到所形成摆的摆动速率与病人的脉搏一致时为止。为了便于测量，脉搏计上设有一个标尺，因而在摆长调节到与脉搏同步时，一眼就可以读出摆长。并且，对于脉搏速率不同的人来说，他们的摆线长度就不一样，所以，可以根据摆线的相对长度来比较和测量不同的脉搏率。当然，由于这种脉搏计不是以标准时间单位作为基准，因此它还是有很大的任意性，不太可靠。直到 17 世纪末，有人用秒摆来测量脉搏率，才弥补了这个缺点，自然也就更接近于我们今天常用的测脉搏的方法了。

除了体温计、脉搏计之外，喜欢开动脑筋、自己动手的桑克托留斯还制造了一个奇特的称量椅，他大部分时间都待在这张椅子上，近旁放着一张桌子，每天都仔细地记录下吃饭前后，睡时或醒时，活动时和休息时，情绪安静时和激动时等各种条件下自己体重的变化。原来，这张称量椅实际上是一架大型天平，他之所以天天不厌其烦地坐在上面一丝不苟地记录，就是为了要弄清人体各种功能的

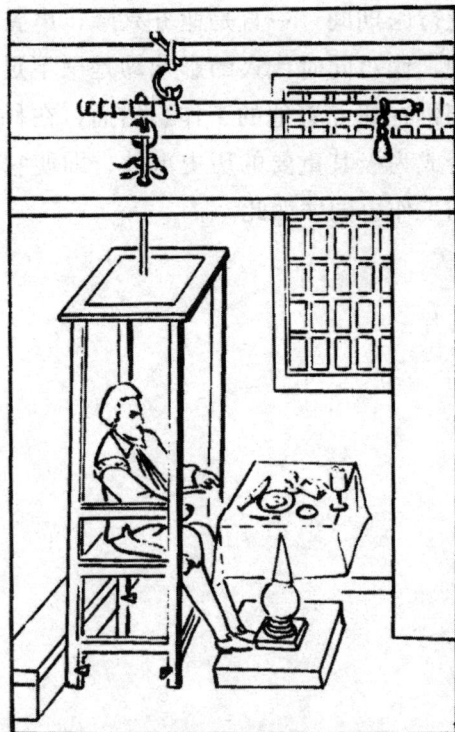

桑克托留斯的称量椅

定量反映。为此他坚持了 30 年的实验，用他自己的话来说，这 30
年里他基本上"生活在天平之中"。最终，他把结论表述成五百条格
言，按下列标题排列：觉察不出的出汗、空气和水、食和饮、睡和
醒、操作和休息、平静和激动时。他得出的最一般结论是，健康的
维持有赖于我们人体机构在摄取和排泄两方面保持适当的平衡。即
使是在今天看来，桑克托留斯的这些工作无疑具有较高的水平和精
确度。

　　桑克托留斯还发明了一种用于气管切开手术的新器械、一种取除
膀胱结石的新器械和一种专用的睡椅，这种椅子可以让久病衰弱的人
毫不费力地洗澡。由于他为病人提供了这种种方便而有效的治疗工

具，因而在他开业行医期间，一直是业务兴隆，声誉卓著。但可惜的是，桑克托留斯的工作对同时代人的影响却是微不足道，相反却是后来乃至今天的人们仍在研究着他的工作。然而，在科学的历史上，任何发明、发现都会成为极其重要的历史事件，即使它们曾一度遭到冷遇，桑克托留斯的工作也同样如此。

其 他

"知识就是力量！"

在人才辈出的文艺复兴时期，有一位并未直接作出过具体的重大科学发现，但却被誉为"现代实验科学的真正始祖"的科学家，是他提出了"知识就是力量"这个著名的口号，时至今日，仍被人们奉为座右铭。他，就是在这则故事里要讲的弗兰西斯·培根（F. Facon，1561～1626）。

1561 年 1 月，培根出生在英国伦敦的一个官宦世家里。他的父亲老培根是伊丽沙白女王的掌玺大臣，深得女王的器重，是王室的宠臣之一。然而，老培根思想倾向进步，坚决反对教皇干涉英国的内部事务。他还十分崇尚教育，在他家中餐厅的壁炉上长年悬挂着一张"教育使人进步"的条幅，以此来表明自己对教育的重视。培根的母亲是一位出身于男爵家庭的才女，颇有名气，当时伦敦有三位以学问而闻名的妇女，她就是其中之一。她还精通几国语言，而且比自己的丈夫思想更激进。这对夫妇对各种学术问题都津津乐道，常在一起谈古论今，切磋学问。他们对子女教育也非常重视，教子有方。培根就是在这样的环境中成长起来的。

培根从小就体弱多病，性格内向。但良好的家庭教育使他比同龄人更早成熟。他酷爱学习，喜欢思考问题，常常独自一人躲在僻静的角落里埋头苦读。老培根十分钟爱他，经常带他到王室去玩。伊丽莎白女王见他举止文雅，谈吐不凡，也非常喜欢他，亲热地称他为"小

培根

掌玺大臣"。

等培根到了 12 岁，就和哥哥一起进入剑桥大学三一学院深造。当时英国的资本主义正在兴起，但学校里陈腐的经院哲学的思想空气使他感到窒息。培根郁郁寡欢，常常独自在校园里徘徊，思考着社会和人生的真谛。

在剑桥大学只学了 3 年，父亲就把培根送到了法国，给英国的驻法大使当随员。于是，培根借此机会几乎走遍了整个法国，接触到了不少新事物，汲取了许多新思想。年轻的培根踌躇满志，对未来充满了幻想，准备要大干一番事业。

然而，事与愿违。老培根突然病逝，消息传到法国，培根不得不回国奔丧。父亲没有给他留下任何遗产，年仅 18 岁的培根顿时陷入了贫困的深渊,有时甚至不得不靠借债度日。但培根是个有志气的青年,虽然生活艰辛清苦,他依然坚持进修法律。几年后终于取得了律师资格,还当上了国会议员,然而自此以后他却长期找不到升迁的机会。好不容易得到许诺让他担任法院的书记,谁知这一职务竟长达20年之久没有出现空缺。

当官不成,培根不得不做出新的抉择。他于是决定致力于学术研究和著述,并且很快就出版了处女作《论说随笔文集》,大受读者欢迎。在这部著作中,培根把自己对社会的认识和思考,以及对人生的理解,浓缩成许多绝妙的、富有哲理的格言和警句,例如:

> 没有友情的社会则是一片繁华的沙漠。
>
> 狡诈者轻鄙学问,愚鲁者美慕学问,唯聪明者善于运用学问。

1603年,伊丽莎白女王逝世,重视学识的詹姆士一世继位。培根不由得为之振奋,企望通过新国王实现自己的远大抱负:改造旧哲学,创立新体系,并借以自荐,求得高官厚禄。于是他日夜勤奋写作,很快就完成了第二部著作,并把它献给了国王。国王大加赏识,委任他为副检察长。不久,培根与一位参议员的漂亮女儿结了婚,但婚后他没有沉溺于家庭的幸福之中,一面继续不停地写作,一面不惜重金结交高官名宦,以求升迁。两年以后,培根又拿出了一部新作,显示出他巨大的才华,博得了国王的青睐,从此官运亨通,连连擢升,权倾一时,声名显赫,步入了他的黄金时代。

与此同时,培根在学术研究上也取得了巨大成果,他出版了闻名于世的《新工具》。他深入地研究和探讨了科学的方法问题,主张科学理论与科学技术应相辅相成,明确指出科学的目标是用新发现和新文明来改善人类的生活。他认为经院哲学"能够谈说,但它不能够生产;因为它只富于争辩,而没有实际效果";而一切知识和观念都来源于感觉，感觉是完全可靠的，主张用理性方法整理、消化感性材料，而归纳、分析、比较、观察和实验则是理性方法的主要条件，并把在科学的实验方法基础上制订的归纳法称为"新工具"。虽然培根在科学事业上没有从事某一项具体的研究，但用他自己的话讲，他要作一个科学上的哥伦布。事实上他也的确做到了这一点，他的观点在 17 世纪初就像革命的号角，宣告了科学应独立于任何教会的权威之外。

但是，1621 年却成了培根多灾多难的一年，他被指控在任大法官时有贪污、受贿的罪行。国会对他作出最后判决：罚款 400 镑，取消上院贵族称号，免去所有职务，并囚禁于伦敦塔。虽然实际上，他在伦敦塔只被拘禁 4 天就获释出狱了，罚款也被国王免除，但是他从此身败名裂。

结束了仕宦生涯之后，培根生活贫困，仅仅依靠国王的施舍从事写作和科学研究，在隐退之中度过了一生的最后五年。

1626 年 3 月一个寒风料峭的日子，培根驱车郊游。当时他正在潜心研究冷热理论及其实际应用问题。当路过一片白皑皑的雪地时，他突然心血来潮，决定就地做一次实验。他请附近的一位农妇卖给他一只母鸡并立即杀掉，然后亲自动手把雪填进鸡肚里。实验没有得出结果，而他羸弱的身体却因经不住风寒，支气管炎复发，病情急剧恶化，几天以后就病逝了。

培根以其作为科学哲学家的卓越贡献，在人们心目中留下了英名。虽然对个人荣誉的热望导致他身败名裂，但是对经院哲学的蔑视却使他成为反中世纪精神的先锋而名垂青史。无论怎样，这位罕见的学识渊博而又才华横溢的大法官还是被尊为哲学和科学史上的划时代人物。

正如培根所指出的，"知识就是力量"，作为第一生产力，文艺复兴所点燃的近代科学火炬，极其深刻地改造了大自然和人类社会。

英国皇家学会的诞生

罗马教会虽然能监禁伽利略的身体，但他的科学精神却仍在传播，许多人都受到他对实验科学的热忱感染。在一个相当短的时间内，为了促进实验科学这个特殊目的，一批有影响的机构陆续组织了起来。这些新机构中，最重要的有伦敦的皇家学会、佛罗伦萨的西芒托学院等。

皇家学会是从一个非正式的社团发展而成的。有一批学者大约从1645年开始每周在伦敦聚会讨论自然问题，他们中间有：著名的数学家沃利斯，后来的切斯特主教威尔金斯，他热衷于力学发明和天文学思辨，还有一批物理学家戈达德、恩特、梅里特，以及格雷歇姆学院的天文学教授福斯特。而星期聚会这个主意却是由德国学者哈克提出的。这个社团有着广泛的兴趣和讨论范围，但是成员们约定把神学和政治排除在他们的讨论范围之外。

大约在1649年，沃利斯、威尔金斯和戈达德等人迁居到了牛津，这个社团也就一分为二了，在牛津形成了一个小规模的团体。牛津学会曾一度在化学家波义耳的家中聚会。然而，这个学会很快由于迁居而失去了许多最积极的成员，终于在1690年告终。

而这期间，伦敦的那一支却兴旺发达，增加了许多新成员，有精通许多门学科的雷恩，曾做过波义耳的化学助教的鲁克，杰出的数学家布龙克尔勋爵，以及日志秘书伊夫林等。这些人都习惯于在格雷歇姆学院聚会。1658年，由于当时政治动乱，这些聚会一度中断，学院也变成了一座兵营。

然而，查理二世复辟后，那些不久便成为皇家学会核心的人又恢复了他们在格雷歇姆学院的星期聚会。同时，他们还制订了一项计划，

格雷歇姆学院

目的是要建立一个致力于探索实验知识的正式学会。1662年7月15日，国王颁发特许状，准予皇家学会成立，这个计划终于实现了。第二年，国王又颁发了第二个特许状，准予扩大该学会的特权。

皇家学会一开始就形成了一个惯例，那就是在学会的会议上把具体的研究项目分配给会员个人或小组，并且要求他们及时向学会汇报研究成果，波义耳就曾应邀演示过他的抽气机，布龙克尔勋爵承担过进行枪炮反冲实验的任务，而准备一份关于树木解剖学的报告这个任务派给了伊夫林。同时，学会还要求会员进行任何他们认为可以促进学会目标的新实验，这些实验包括：用化合方法生产颜料，通过焙烧锑看看在这过程中锑的重量是否增加，测量空气的密度，定量比较不同金属丝的致断负载，以及多次进行的压缩水的无效尝试，等等。因此，早期的会议都是由会员作报告和演说，演示实验，展览各种各样的稀奇东西，并对这些问题进行活跃的讨论和探索。不过，学会的特

权并不包括捐款，等到几年以后会员才有了享受使用专门实验室设施的权利。

除了理化科学的研究，皇家学会的早期会员还极其重视生物学问题，对动物进行了大量解剖和实验。皇家学会的特权之一就是有权要求解剖被处决的死囚尸体，还在1664年成立了一个委员会，主持每逢处决日进行的解剖。他们还把液体例如水银、烟叶油等注射进动物静脉，或者切除器官、割断神经，结果都做了记载。后来还尝试过把羊血输入人体静脉的实验，幸好没有出现不良后果。

皇家学会还经常研究当时流行的那些对会员不无影响的信仰。雷恩爵士讲述过一个传说，说是一个伤口和后来拆掉的绷带间发生了"同情"。会员们还尝试过用蝗蛇的已经化成粉末的肺和肝来创生这种爬行动物。他们也讨论过蝾螈的种种奇异特性，还做过一个实验，看看当一只蜘蛛被"独角兽"的角的粉末包围时能否逃脱。

为了储存学会所得到的日益增多的自然标本（动物、植物、地质等），1663年开设了一个陈列室，其中还保存会员制造或发明的许多仪器和机械装置，以及许多没有科学价值的珍品，这些东西不少是旅游者从国外带来的。皇家学会确实对外国的状况、自然物产等情况进行了大量研究，欢迎探险家、船长和其他人提供报告，以及他们可能发现的任何有价值的矿石、产物等的标本。

皇家学会早期会员对一切新奇的自然现象都普遍感到好奇，但这就使他们把研究的网撒得太宽。所以，这个年轻学会对发展科学的真正意义，与其说它对科学知识的积累做出了贡献，还不如说是它对它所聚集的那些杰出人物产生了极大的激励，他们每个人都有自己的专门研究领域，都做出了不可磨灭的科学成就。

科学社团在这时形成并不是偶然的，它是这个时代的重要标志，是顺应新时代的需要而诞生的。就在这些社团里，现代科学找到了机会，受到了激励。

阳光下的黑影

　　当读到这一节时，在读者们的脑子里一定对"宗教裁判所"有比较深刻的印象，它使宣传"日心说"的布鲁诺在鲜花广场上被活活烧死，它使大科学家伽利略在晚年受尽摧残而曾一度屈服。有些读者一定会问：这个"宗教裁判所"究竟是怎样的一个机构？它为什么对科学如此残酷？下面我们就来讲讲宗教裁判所的历史。但首先，读者们必须明白一点：宗教裁判所是人类历史上最卑鄙、最丑恶的一幕，它是一个象征着灾难和恐怖的罪恶的机构，对欧美各国人民的命运及精神生活和科学文化的发展，曾经起过难以估价的恶劣影响。

　　宗教裁判所又名异端法庭，或异端审判所。顾名思义，它是以镇压异端为职责的。那么，什么叫做异端呢？异端就是指那些谴责教会腐败、否认教皇权威的反对者。基督教会产生伊始，异端就形影不离地困扰着它。它向人民宣扬要逆来顺受、承受尘世的奴役，而到天国去补偿所遭受的现实苦难，这就必然引起很多人的怀疑和驳斥，甚至是反对。于是，这些反对者就成了异端。教会展开了长期的斗争，不惜使用一切手段消灭形形色色的异端。宗教裁判所就是在这一过程中形成的。

　　宗教裁判所最终形成于 13 世纪 20～30 年代，而从 13 世纪下半期起，宗教裁判所就布满了西欧各国。它的任务是用暴力来迫害和消灭异端。这种迫害的残酷和株连之广，使异端者简直难以逃脱宗教裁判所的毒手，它是那样一个时代的真正国际警察。为了使宗教裁判所的血腥镇压行之有效，它建立了一整套能够随时开动、具有高效率、善于大规模制造冤狱的制度。这套制度包括法官、告发、侦讯、审问、刑罚、判决，还有火刑。正是凭借着这套可怕而有效的制度，宗教裁判所大规模地、肆无忌惮地制造了种种惨无人道的冤案。

宗教裁判所是教会和各国王权手中的强大武器，他们镇压的对象，是一切真正的和捏造的异端者，是他们共同的政敌和感到讨厌的一切人。他们还打着追究异端的堂皇招牌洗劫无辜者的财产，借以填满自己永远填不满的钱袋。在宗教裁判所的魔爪下遭难的，不仅有杰出的科学家和思想家，而且有伟大的民族英雄；不仅有上流社会的人物，而且有无辜的平民；不仅有白发苍苍的老人，而且有天真烂漫的儿童。在这种情况下，一般基督教徒，一切无权无势的平民百姓，想要逃脱宗教裁判所的罗网，确实太难了！

1542年，教皇保罗三世宣布设立"罗马和全教宗教裁判所"，很多书中称这一机构为"神圣法庭"或"圣职部"。在所有的宗教裁判所中，就数这个教皇宗教裁判所寿命最长，一直存在到现代，直到1965年才由教皇保罗六世改组为信理部。在它存在的400多年间，布鲁诺和伽利略并不是"神圣法庭"仅有的牺牲品，还有一大批为了科学、为了真理、为了自由思想而被宗教裁判所判处有罪并蒙受苦难的学者。1619年，卓越的意大利无神论者居里奥·瓦尼尼被指控为犯了无神论罪，被宗教裁判所判处火刑。刽子手把他放在芦席上拖着走，只允许穿一件单衣，带着枷锁，先是拖到大教堂向上帝请罪，然后又拖到广场，捆在柱子上，割掉他的舌头，将他活活烧死，并把骨灰随风扬尽。

除了火刑，在宗教裁判所镇压异端、禁锢科学和文化的种种手段中，还有一种强有力的武器，这就是禁书目录。他们检查、禁止和销毁不合口味的神学、科学和文学著作。1559年，罗马教廷公布了它的第一个禁书目录。在 1948 年的最后一版禁书目录中，遭禁的作者有巴尔扎克、布鲁诺、伏尔泰、左拉、雨果、司汤达、福楼拜及其他许多卓越的思想家、作家和学者。然而，到了 19 世纪，尤其是 20 世纪，禁书目录的作用和威力却是今非昔比了，现代作家再也不会因为他们的著作列入教会的禁书目录而惶惶不可终日了，恰恰相反，他们有充分理由为此而感到自豪。1966 年，教皇宗教裁判所改组后，禁书目录紧接着也寿终正寝了。

宗教裁判所是一种秘密法庭，无论它的成员还是它的受难者，对有关的秘密必须严守，否则都会受到严厉的惩罚。然而，文艺复兴撕开了宗教裁判所长期秘密的帷幕，越来越多的人研究它、批判它，不少学者和憎恨宗教裁判所的正直人士为此而历尽了艰辛。到今天，宗教裁判所已被历史所抛弃，但我们却不能忘记，这个中世纪的怪物，曾是多么严重地摧残了科学，摧残了科学家！

尾　　篇

我们追溯历史的足迹

到这里，我们已经讲述了 51 个关于 1500～1650 年间科学技术发展的故事，但它们还远远不是文艺复兴时期科学技术史的全部。

文艺复兴运动，为欧洲科学文化的新世纪带来了黎明，使近代科学诞生，使真正的科学得以问世，是继古希腊之后，科学技术达到的又一次高度繁荣。

达·芬奇、哥白尼、维萨留斯、第谷、伽利略、开普勒、吉尔伯特等人，他们使得 16 世纪充满了朝气蓬勃的旺盛的科学精神；而 17 世纪更是一个天才的时代，伽利略、开普勒、耐普尔、笛卡儿、哈维、托里拆利、帕斯卡等，这些众所周知的名字和业绩比邻并列，洋洋大观，使 17 世纪成为光辉灿烂的世纪。

以哥伦布发现新世界为顶峰的"地理大发现时代"，对文艺复兴的这一新鲜的精神运动给予了巨大影响，然而它所涉及的不仅仅是局限于精神生活。广阔的新大陆和新航线的发现，导致了美洲新产品以及东方物产输入的急剧增加，更新了欧洲的整个生活，建立了近代科学和技术发展的物质基础。

天文学，是新时期的带头学科之一。哥白尼理论作为真正科学诞生的标志，犹如雷鸣电闪，划破了中世纪黑暗欧洲的上空，惊醒了沉闷的学术界，动摇了反动宗教神学的统治，给神权政治与封建统治阶级以沉重打击，迎来了文明时代的曙光。

在文艺复兴之前的好几个世纪里，对植物和动物的研究几乎完全从属于医学的兴趣。而古代学术的复兴、地理发现旅行和印刷术的发明，都给予了生物科学以新的刺激，维萨留斯的《人体构造》同哥白尼的《天体运行论》，就像两把利剑，斩除了近代科学前进道路上的一切障碍；而哈维在生理学领域做出与开普勒在天文学领域中具有同样价值的业绩，血液循环理论成为生物学史上巨大的里程碑。

把科学建立在实验、观测的基础上，这是近代科学的特点。作为近代物理学的首创者，伽利略追求真理，以科学实验为根据，把实验方法和教学演绎方法结合起来，赋予实验研究以系统性和目的性，让人们通过实验去阅读宇宙、自然界这部"自然之书"，从而阐明现象的因果联系和规律，达到知识的最高阶段。

数学在这个全面复兴的局面中没有落后，并且很快就开始获得了自从希腊文化衰落以后从来没有过的领导地位。代数原先在麻烦累赘的记法的重压下，一直是在无望地挣扎着，现在也开始挣脱了枷锁；三角学有着惊人的进展，开始作为一门独立的学科出现了；几何学的进展也非常显著，新学科应运而生，开发出很多格外丰富、至今尚未耗尽的宝藏。

在这种情况下，化学也在两个领域内出现了新局面，这两个领域就是医药化学和冶金化学。由于这种新局面的出现，使得炼金术的支配地位被剥夺了，研究物质化学变化，不再以制造所谓"哲人石"或长生不老药为目的。越来越多的化学家转向生产实践，为发展冶金和医药化学而工作。尽管仍有一些执迷不悟的炼金术士还在火炉旁继续操其旧业，但他们已日益成为人们嘲笑的对象。

医学本质上是一种实用的技术，它是治愈、缓解和预防疾病的技术。现代医学与生物科学、化学和物理学关系极其密切。但是，16、17世纪的医学还不是现代医学，它从这两个伟大世纪里生物学、化学和物理学所取得的那些成为未来医学主要基础的进步中获益很少，但它还是取得了一些进展，尽管这些进展不能同天文学、数学、物理学甚至于各门生物科学的进步相提并论。

像以前和后来几个世纪一样，16、17世纪技术改良和发明的主要目标也是创造机械工具来减轻或取代体力劳动。16世纪时普遍应用的脚踏纺车、第一部织袜机、水泵、通风装置，乃至供水系统等，都是这个时代的产物；而农业、建筑、矿业以及纺织工业等重要技术到这时更是日臻完善，日益满足了人类生活的各种需要。

这就是文艺复兴时期，欧洲科学技术大发展的概貌。世界刚从中世纪的恶梦中苏醒过来，充满了青春的活力和希望，新时代的先驱们深信，利用科学与技术能够驱使大自然的力量拉动人类进步之车，一步一步地向前迈进。

我们今天追溯历史的足迹，就是为了了解历史，牢记历史，以史为鉴，以史为镜。回想起来，人类正是在炼金术和占星术这些为满足重大欲望的追求中，经过中世纪数百年在无边无际的泥潭中彷徨之后，才逐渐出现了近代科学萌芽的。如果没有在这之间的那些愚拙而执拗地反复进行的蒸馏和沉淀，大概就不会悟出那些卓越实验方法的奥秘，也不能育成强韧的科学精神。

当你将读完这最后一页，合上书本的时候，不知你是否从中得到了一些启示？不管有用与否，人的创造本能总是在不断促使我们每一个人去创造新事物。前人以心血为我们留下了如此辉煌灿烂的科学技术，那么，我们应该去做一些什么才能对得起这如梭的岁月呢？